环维易为低碳译丛

欧盟排放交易体系规则

主　译：焦小平

副主译：毛　洋　涂　毅

中国财政经济出版社

图书在版编目（CIP）数据

欧盟排放交易体系规则/焦小平主译．—北京：中国财政经济出版社，2010.11

ISBN 978-7-5095-2521-0

Ⅰ.①欧… Ⅱ.①焦… Ⅲ.①二氧化碳-交易-规则-欧洲联盟 Ⅳ.①X511-65

中国版本图书馆CIP数据核字（2010）第202549号

责任编辑：李　磊　　　　责任校对：胡永立

封面设计：耕　者

中国财政经济出版社出版

URL：http：//ckfz. cfeph. cn

E-mail：ckfz@cfeph. cn

社址：北京市海淀区阜成路甲28号　邮政编码：100142

发行处电话：88190406　财经书店电话：64033436

北京富生印刷厂印刷　各地新华书店经销

787×960毫米　16开　10印张　200 000字

2010年11月第1版　2010年11月北京第1次印刷

印数：1-5 060　定价：25.00元

ISBN 978-7-5095-2521-0/F·2145

（图书出现印装问题，本社负责调换）

本社质量投诉电话：010-88190744

版权说明

序

气候变化是当今人类面临的重大挑战。遏制气候变暖，拯救地球家园，是全人类共同的使命，每个国家、每个民族、每个企业、每个地球公民都责无旁贷。

中国是一个负责任的大国。在面临减少贫困、改善民生、发展经济等多重压力之下，党和政府把节能减排、应对气候变化工作当做国家头等大事来抓。2009 年 11 月 26 日，中国政府对外承诺，到 2020 年单位 GDP 的二氧化碳排放强度比 2005 年下降 40% –45%，并把它作为一项约束型指标纳入国民经济和社会发展的中长期目标。

胡锦涛总书记指出，“气候变化是环境问题，但归根结底是发展问题。”胡总书记的指示一针见血的指出了气候变化问题的实质，也为我们解决气候变化问题指明了方向。坚持科学发展观，坚持以人为本，大力发展科学技术，提高资源利用效率，建设资源节约型、环境友好型社会，实现人类的可持续发展，是我们从根本上解决气候变化问题的出路。

面对全新挑战，人类必须创新应对。从 2001 年起，欧盟在借鉴美国利用“排污权”理论治理二氧化硫的经验基础上，历经 4 年准备，于 2005 年 1 月初步建立了统一的欧盟排放交易体系（EU – ETS）。EU – ETS 分三阶段执行，中期目标是确保欧盟 2020 年温室气体排放比 1990 年至少降低 20%。EU – ETS 为寻求低碳发展的欧盟诸国奠定了制度基础，也被视作欧盟履行《京都议定书》和应对气候变化政策的支柱。欧盟利用市场机制控制和减少温室气体排放，是一种创新和尝试。实践证明利用市场机制减排，可以有效的控制排放，减少社会整体减排成本，优化社会资源，推进技术进步，同时还可以催生新的市场，开发出新的资源，拓展出新的经济增长点。

上世纪 90 年代后期，我国已开始在部分地区进行了污水和二氧化硫排污权交易的试点和探索，实践效果很好。为了更好地推进节能减排和应对气候变化工作，国家应对气候变化主管部门已把上海、北京、天津三家环境交易所列为国家低碳市场交易试点单位，并决定在广东、辽宁、湖北、陕西、云南五省和天津、重庆、深圳、厦门、杭州、南昌、贵阳、保定八市开展低碳试点工作，这对改变发展观念、创新体制、优化资源配置、提高节能减排和应对气候变化工作效率将起到积极推动作用。

为了更好地借鉴欧洲市场减排经验，中国清洁发展机制基金管理中心和环维易为低碳管理咨询公司的几位同志，以 EU - ETS 为研究对象，有选择地编译了排放交易制度、排放认证测量和报告规则等一系列规范性文献，供国内碳市场建设之需，以期“它山之石”可攻“吾国之玉”。这是一个很好的尝试，也很有意义。

朱光耀

2010 年 10 月 27 日

D 前言

进入新世纪，一场以发展低碳经济为重点的经济转型正在全球展开。借鉴国外先进经验，积极推进市场减排，已成为我们推动生产生活方式转变，调整产业结构，开拓新兴产业，转变经济发展模式，促进可持续发展的必经之路。

为了更好地支持国内市场减排机制建设，我们有选择地编译了一批关于欧盟排放交易体系（EU－ETS）运作的规范性文献，供国内同行参考。希望籍此能使我们在中国碳市场建设中少走弯路。

《欧盟排放交易体系规则》作为这套译丛中的第一册，是欧洲议会和欧盟理事会为在欧盟内部建立区域性和兼容性并举的排放交易体系而制定的一套具体规则（即欧洲议会和欧盟理事会第2003/87/EC号决议），共计五章，包括从整体制度描述、行业（主要指航空业及工业设施）参与条款、行业应用条款以及同外部排放权交易体系链接等内容。它是全球第一部强制性减排市场规则，也是全球应用范围最广、权威最高、市场影响最大的碳市场交易规则。

本书是国内读者了解国际碳市场发展现状的基础性专业读物。适用于从事低碳经济规划、研究、政策制定和市场减排专业人员，同时也可作为大中院校环境经济专业学生参考用书。

对这样一部专业性、政策性都很强的交易规则，我们是在战战兢兢和如履薄冰的心情下完成编译工作的。虽然我们尽了自己最大的努力，但是依然会有疏漏和能力不及之处，在此恳请各位同仁和读者批评指正。

译者

2010年10月24日

目录

欧洲议会和欧盟理事会指令 2003/87/EC
2003 年 10 月 13 日

设立欧洲共同体内温室气体排放配额交易体系和修改欧盟理事会指令 96/61/EC

（内容与欧洲经济区相关）

修改历史：

		官方公报		
		编号	页码	日期
►M1	与欧洲经济区相关的欧洲议会和欧盟理事会指令 2004/101/EC，2004 年 10 月 27 日	L 338	18	13. 11. 2004
►M2	与欧洲经济区相关的欧洲议会和欧盟理事会指令 2008/101/EC，2008 年 11 月 19 日	L 8	3	13. 1. 2009
►M3	欧洲议会和欧盟理事会条例（EC）No 219/2009，2009 年 3 月 11 日	L 87	109	31. 3. 2009
►M4	与欧洲经济区相关的欧洲议会和欧盟理事会指令 2009/29/EC，2009 年 4 月 23 日	L 140	63	5. 6. 2009

欧洲议会和欧盟理事会指令 2003/87/EC
2003 年 10 月 13 日
设立共同体内温室气体排放配额交易体系和修改欧盟理事会指令 96/61/EC

（内容与欧洲经济区相关）

欧洲议会和欧盟理事会，

考虑到《建立欧洲共同体条约》，特别是其中第 175 条第 1 款的规定，以及

欧盟委员会的提议①，

欧洲经济和社会委员会的意见②，

各区域委员会的意见③，

和根据《建立欧共体条约》第 251 条中的程序而需采取的行动④，

鉴于：

（1）	欧盟内部温室气体排放交易《绿皮书》引起了关于在欧盟内部温室气体排放交易适用性和可行性的争论。欧洲气候变化项目通过多层次利益相关方程序论证了《绿皮书》所建议的欧洲共同体内部温室气体排放交易体系的相关政策和措施。欧盟理事会在 2001 年 3 月 8 日的论证结论中认同欧洲气候变化项目和《绿皮书》工作的重要性，并指出迫切需要开展在共同体层面的具体行动。

---

① OJ C 75 E, 26.3.2002, p. 33.

② OJ C 221, 17.9.2002, p. 27.

③ OJ C 192, 12.8.2002, p. 59.

④ 欧洲议会 2002 年 10 月 10 日意见（尚未在官方公报中公布），欧盟理事会 2003 年 03 月 18 日共同立场（OJ C 125 E, 27.5.2003, p. 72），欧洲议会 2003 年 07 月 02 日决议（尚未在官方公报中公布）以及欧盟理事会 2003 年 07 月 22 日决议。

续表

(2)	按照欧洲议会和欧盟理事会1600/2002/EC号决议①所设立的第六次共同体环境行动项目，把应对气候变化作为首要行动方向，并规定在2005年在共同体范围内建立温室气体排放交易体系。该项目将努力实现共同体成员在2008年到2012年内较1990年减少8%的温室气体排放，以及在更长时期内比1990年减少大约70%的温室气体排放的承诺目标。
(3)	欧盟理事会1993年12月15日所通过的94/69/EC决议②，总结说明《联合国气候变化框架公约》的终极目标是将大气中温室气体的浓度稳定在一定水平上，从而防止因人为干扰而对大气系统产生破坏。
(4)	欧盟理事会代表欧洲共同体于2002年4月25日所通过的2002/358/EC决议中决定③，在《京都议定书》生效后，欧洲共同体及其成员国将共同按照议定书附件A国家的规定履约，在2008年到2012年期间实现人为温室气体排放总量比1990年降低8%的目标。
(5)	共同体及其成员国同意按照欧盟理事会2002/358/EC决议共同履行《京都议定书》规定的降低人为温室气体排放的责任。本决议旨在通过建立一个高效的欧洲温室气体排放配额交易市场来帮助欧洲共同体及其成员国成功实现减排承诺，同时努力把减排对经济发展和就业的负面影响降到最低。
(6)	欧盟理事会于1993年6月24日通过93/389/EEC决议（欧洲经济共同体，简称EEC），决定在欧洲共同体内设立二氧化碳和其他温室气体排放的监测机制④，并通过此机制评估减排进展。此机制将帮助成员国确定分配配额的总量。
(7)	应该制定关于成员国配额分配的条款，以维护配额交易市场的内部完整性，并避免扭曲性的竞争。
(8)	成员国为潜在工业减排活动分配配额时应当格外慎重。

① OJ L 242, 10.9.2002, p. 1.

② OJ L 33, 7.2.1994, p. 11.

③ OJ L 130, 15.5.2002, p. 1.

④ OJ L 167, 9.7.1993, p. 31. 决议通过1999/296/EC决议（OJ L 117, 5.5.1999, p. 35）被修改。

续表

(9)	成员国规定仅能向个人签发自2008年起5年内有效的配额，并且配额的签发应注销此人在从2005年起的3年中于成员国范围内实现的减排量。
(10)	在上述5年期间内，转移配额给其他成员国应与《京都议定书》调整的分配数量相一致。
(11)	成员国应保证特定活动运营实体持有温室气体排放许可并应监测和报告持有温室气体排放配额相关活动的情况。
(12)	成员国应颁布针对指令的违章处罚规则并保证此规则的执行。处罚必须是有效的、适当的和有劝诫性的。
(13)	为保证透明性，公众应有获取配额分配信息和排放监测结果的权利，该权利仅受限于欧洲议会和欧盟理事会2003年1月28日通过的关于公众获得环境信息的指令2003/4/EC①所规定的内容。
(14)	成员国应按照欧盟理事会1991年12月23日通过的用以规范和修整环境相关指令②实施报告的91/692/EEC指令来提交执行情况的报告。
(15)	在共同体交易体系中添加新设施应遵循本指令条款，排放配额交易体系因此可能拓展至二氧化碳外的其他气体排放，尤其是铝业和化工业活动所造成的温室气体排放。
(16)	本指令不应影响成员国维护或建立针对交易附件I或共同体体系中未涉及的气体的国家级排放交易体系，不应影响成员国开展共同体体系中暂时不包含的设施和活动。
(17)	成员国可以《京都议定书》签约国身份，与其他任何附件B国家进行国际排放交易。
(18)	按照2002/358/EC联合履约决议，共同体温室气体排放交易体系可与第三国排放交易体系联结，以提高共同体实现减排目标的成本有效性。

① OJ L 41, 14.2.2003, p. 26.

② OJ L 377, 31.12.1991, p. 48.

续表

(19)	包括联合履约（JI）和清洁发展机制（CDM）等基于项目的机制是实现全球温室气体减排和提高共同体体系成本有效性的重要部分。按照《京都议定书》和《马拉喀什公约》的相关条款，使用基于项目的机制是本国行动的补充方式，因此，本国行动应是减排行动的主力。
(20)	本指令将鼓励使用能效更高的技术，包括热电联产，以降低单位生产排放，而欧洲议会和欧盟理事会更是将对能实现内部能源市场有效供热需求的热电联产提出专门的鼓励性指令，以促进热电联产技术的发展。
(21)	1996 年 9 月 24 日欧盟理事会关于对污染物集中管理控制的指令 96/61/EC，设立了污染物防治与控制①的基本框架。温室气体排放许可基于此框架发放。96/61/EC 指令应做适当修改以保证在不影响该指令其他条款的前提下，不对指令下的设施的温室气体直接排放设定排放限额，以保证成员国有选择不对内燃设备和其他现场排放二氧化碳的设备的能效进行限制的权利。
(22)	本指令与《联合国气候变化框架公约》和《京都议定书》相兼容。本指令应按照上述公约和议定书的内容变迁、执行经验以及温室气体排放监测方面所取得的进展进行适当调整。
(23)	排放配额交易应成为成员国和共同体层面上完整一致的一揽子政策措施中的一部分。在不影响《建立欧洲共同体条约》87 和 88 条应用的情况下（该条约下活动列入共同体体系规定内），成员国可以考虑执行其他有共同目的的规范、财政或其他的政策。评估本指令应考虑目标实现程度。
(24)	税收手段可以作为一种国家政策，限制暂未被囊括进设施的排放。
(25)	为实现大幅度减排，政策和措施应在成员国和共同体层面的所有行业执行，而不应仅限于工业和能源行业。欧盟委员会应该特别考虑如何通过共同体层面的政策措施使交通运输业为共同体及其成员国完成《京都议定书》所规定的减排义务作出更大贡献。
(26)	尽管市场机制蕴含多重潜力，但欧盟气候变化减缓战略还是应在共同体体系、其他类型的共同体、国内和国际行动之间建立起一种平衡。

① OJ L 257, 10. 10. 1996, p. 26.

续表

(27)	本指令尊重基本权利并遵守欧盟基本权利宪章所赞同的原则。
(28)	执行本指令的必要措施应按照欧盟理事会 1999 年 6 月 28 日 1999/468/E 指令并由欧盟委员会①赋予的程序获得通过。
(29)	附件三的准则（1）、（5）和（7）不能通过专家委员会修改，其 2012 年以后的修改也只能通过共同决议作出。
(30)	因为共同体排放体系的建立和提出的行动目标不能完全由成员国单独完成，且在共同体层面有更好的规模和效果，所以共同体可按《建立欧洲共同体条约》第 5 条补充原则采取措施。指令为完成目标所开展的任何活动不得超出比例限制。

决定采纳如下本指令：

▼ **M2**

第一章

总则

第一条

主题

本指令的目的在于，通过在共同体内部设立一个温室气体排放配额交易体系，从而帮助成员国以成本有效和经济有效的方式实现温室气体减排。

本指令同时提议增加温室气体减排量，从而实现在在科学上避免危险气候变化的程度。本指令同时制定\ 评估和执行更加严格的，超过 20% 的共同体减排承诺，相应承诺应参照共同体在国际协议当中超出第 9 条所做的承诺，即欧盟理事会 2007 年 3 月所认同的 30% 减排承诺。

① OJ L 184, 17.7.1999, p. 23.

第二条

范围

1. 本指令适用于附件一当中所列排放活动，以及附件二当中所列温室气体。

2. 本指令在不违背96/61/EC指令内容的前提下执行。

3. 对于机场所在地的主权争议问题，本指令在直布罗陀机场的应用被理解为不侵犯相应西班牙王国和大英联合王国各自的法律地位。

第三条

定义

以下定义适用于本指令：

(a) ‘配额’指在指定期间内排放一吨二氧化碳当量所需的配额。此配额只在满足本指令要求的目的下有效，并且可以在本指令相关条款下转移；

(b) ‘排放’指从一个设施向大气释放温室气体，或飞机在执行航运活动中所释放的附件一中所列气体；

(c) ‘温室气体’指附件二所列气体和其他吸收和再放射红外辐射的自然或人工气态物质；

(d) ‘温室气体排放许可’指按第五条和第六条签发的许可；

(e) ‘设施’指一个固定技术单位。此单位进行附件一当中所列一个或多个活动，或其他与现场活动有技术相关性及影响排放和污染的直接相关活动。

(f) ‘经营者’指任何经营或控制设施的人，或在国家立法下有权对设施的技术运行行使经济决策权行为的代表；

(g) ‘人’指任何自然人或法人；

(h) ‘新进入者’指：

—任何进行附件一当中所列一个或多个活动的设施，同时此设施的第一次温室气体排放许可须于2011年6月30日后获得，

—任何第一次按照第二十四条第（1）款或第（2）款执行共同体体系活动的设施，或

—对于任何进行附件一当中所列一个或多个活动的设施，或按照第二十四条（1）款或（2）款执行共同体体系的活动，若该设施在2011年6月30日后有重要扩充，则该期间内的扩充也应记作“新进入者”，且仅扩充部分应被记为“新进入者”；

（i）‘公众’指一个或多个人，和相关国家立法或行规所列的协会、组织或群体；

（j）‘吨二氧化碳当量’指一公吨二氧化碳（CO_2）或附件二所列其他拥有相同全球变暖潜能值的气体量；

（k）‘附件一国家’指《联合国气候变化框架公约》附件一所列，并已经按照《京都议定书》第一条（7）认可《京都议定书》的国家；

（l）‘项目活动’指一个或多个附件一国家按照《京都议定书》第六条或第十二条和其他为执行《联合国气候变化框架公约》或《京都议定书》所指定的决策通过的项目活动；

（m）‘减少排放单位’or‘ERU’指按照《京都议定书》第六条和按照其他《联合国气候变化框架公约》或《京都议定书》的要求所签发的单位；

（n）‘核证减排量’or‘CER’指按照《京都议定书》第十二条和按照其他《联合国气候变化框架公约》或《京都议定书》的要求所签发的单位；

（o）‘飞机经营者’指在飞机执行附件一所列航运活动时经营该飞机的人。如果此人未知或飞机所有者不明确，那么飞机经营者则为飞机的所有人；

（p）‘商业航空运输经营者’指以营利为目的，为公众提供定期或不定期旅客运输、货物或邮件运输服务的经营者；

（q）‘管理成员国’指按照第十八条第a款有责任管理共同体内飞机经营者的成员国；

（r）‘航空排放’指所有参与附件一所列航空活动的飞行排放。航线包括由成员国境内机场离港和由第三国到达成员国境内机场；

（s）‘历史航空排放’指由飞行执行附件一所列航空活动在2004年、2005年和2006年所产生的日历年年均排放；

（t）‘燃烧’指为满足任何工艺的热、电和机械能生产所需而进行的任何燃料氧化过程，也包括其他直接相关活动（含废气洗涤）；

（u）‘发电方’指在或2005年1月1日之后开始生产电力并销售给第三方的设施，和除了‘燃烧燃料’之外没有任何附件一所列活动的设施。

第二章

航空

第三条 a

范围

本章所列条款应用于基于附件一所列航空活动的配额分配和签发。

第三条 b

航空活动

至2009年8月2日，欧盟委员会应按照第二十三条第（2）款法定程序制定附件一所列航空活动的指导方针。

第三条 c

航空配额的总量

1. 在2012年1月1日到2012年12月31日的期间内，分配于飞机经营者的航空配额的总量应相当于历史航空排放的97%。

2. 在没有任何根据第三十条第（4）款所作评估修改的前提下，按照第十三条第（1）款的规定，从2013年1月1日开始，任何后续期间段内，分配于飞行经营者的航空配额的总量应相当于历史航空排放的95%乘以该时间段所包含的年数。

此百分比可作为本指令总体评估的一部分而被修改。

3. 欧盟委员会应按照第三十条第（4）款评估分配于飞机经营者的航空配额总量。

4. 至2009年8月2日，欧盟委员会应基于最佳可用数据（包括实际交通信息）决定历史航空排放量。此决定应由第二十三条第（1）款所指委员会在决策中考虑。

第三条 d

通过竞价拍卖分配航空业配额

1. 在第三条 c（1）款所述期间内，15% 的配额应被竞价拍卖。

2. 从 2013 年 1 月 1 日开始，15% 的配额应被竞价拍卖。此百分比可作为本指令普通评估的一部分而被修改。

3. 按照本条第一段和第二段或第三条 f（8）款，应制定一个包含成员国非免费配额竞价拍卖细则的法规。各成员国在各时间段竞价拍卖的配额数量应与其在相应时间段内，与所有成员国在基准年内获得的总配合量成比例，该基准年的总配额量须按照第十四条第（3）款进行报告和按照第十五条进行核查。在第三条 c（1）款所提时间段内，基准年为 2010 年。在每一个其后年份，基准年为竞价拍卖期间 24 个月前的日历年。

上述旨在通过补充方式修改本指令非重要元素的法规应按照第二十三条第（3）款所提法定程序和审议制定。

4. 成员国自行决定通过竞价拍卖配额所产生收益的使用。但此收益应用于处理欧盟内和第三国的气候变化，尤其是应用于降低温室气体排放、应用于欧盟内和第三国适应气候变化影响（特别是发展中国家）、应用于资助减缓和适应的研究和开发（特别包括航空和空运领域）、应用于通过低排放运输实现减排，和应用于支付管理共同体体系的费用。竞价拍卖盈利也应用于资助全球能效和可再生能源基金和避免沙化的措施。

在根据本段开展活动时，成员国应通报欧盟委员会。

5. 按照本指令向欧盟委员会提供信息并不影响成员国履行《建立欧洲共同体条约》第八十八条第（3）款的通知义务。

第三条 e

向飞机经营者分配和签发配额

1. 在第三条 c 款所提时间段内，每个飞机经营者都可以申请免费分配的配额。申请可以通过向管理成员国的权力机构提交经核查在监测年内附件一所列航空活动的吨公里数据来完成。在本条下，监测年应是附件四和五所述时段开始日期前 24 个月的日历年。在第三条 c（1）款的情况下，监测年为 2010 年。任何申请最迟都应在开始日期前 21 个月完成。在第三条 c（1）款的情况下，日期为 2011 年 3 月 31 日。

2. 成员国最少应在相应开始日期前 18 个月将第一段所述收到的申请提交给欧盟委员会。在第三条 c（1）款的情况下，日期为 2011 年 6 月 30 日。

3. 欧盟委员会最迟应在第三条 c（2）款开始日期前 15 个月计算并采取以下决策（在第三条 c（1）款情况下，日期为 2011 年 9 月 30 日）：

（a）阐明此时间段内按照第三条 c 款分配的配额总量；

（b）阐明此时间段内按照第三条 d 款竞价拍卖的配额量；

（c）阐明此时间段内按照第三条 f（1）款为飞机经营者特别储备的配额量；

（d）阐明此时间段内免费分配的配额量，方法为按照（a）款决定的总配额量减去（b）和（c）款所述量；和

（e）阐明按照第二段已向欧盟委员会提交申请的飞机经营者的免费分配配额的基准量。

（e）款所提基准量表示为配额/吨公里，计算方式为（d）款所述配额量除以按照第二段已向欧盟委员会提交申请当中所述吨公里数据之和。

4. 在欧盟委员会采纳第三段第 3 款的决策后 3 个月内，各管理成员国应计算和公布：

（a）此时间段内按第二段已向欧盟委员会提交申请的各飞机经营者的总分配配额，计算方法为申请中吨公里数据乘以 3（e）款所提基准量；和

（b）各飞机经营者每年分配配额量，计算方法为（a）款所计算的总分配配额量除以飞机经营者提供附件一航空活动期间的年数。

5. 至 2012 年 2 月 28 日和其后每年 2 月 28 日，管理成员国的权力机构应按照此条或第三条款签发分配给飞机经营者的配额。

第三条 f

特定飞机经营者的特别储备

1. 在第三条 c（2）款所述时间段内，相当于分配配额总量 3% 的配额应被划出，作为以下飞机经营者的特别储备：

（a）按照第三条 e（1）款和第三条 c（2）款所述时间段提交监测年吨公里数据之后开始运营附件一所列航空活动的飞机经营者；或

（b）在按照第三条 e（1）款和第三条 c（2）款所述时间段和此时间段的第二年所提交监测年吨公里数据，且数据平均每年提高 18% 的飞机经营者；

同时，此经营者完成以上（a）点或（b）点所述活动，并非是另一飞机经营者持续经营的全部或部分航空活动的延伸。

2. 满足第一段要求的飞机经营者可以以向成员国权力机构申请的方式从特别储备中申请免费分配配额。任何申请都应在第三条 c（2）款所述相应时间段的第三年 6 月 30 日前完成。

按照第一段（b）分配于飞机经营者的配额不得超过 1 000 000 个 EUA 单元。

3. 基于第二段的申请应遵守以下原则：

（a）包含按照附件四和五核查过的吨公里数据，此数据应为第三条 c（2）款所述申请时间段内第二个日历年当中附件一所列的航空活动数据；

（b）提供遵守第一段所列资格准则的证明；

（c）如果飞机经营者为第一段（b）所述情况，则需说明：

（i）在按照第三条 e（1）款和第三条 c（2）款所述时间段和此时间段的第二年所提交监测年吨公里数据的提高百分比；

（ii）在按照第三条 e（1）款和第三条 c（2）款所述时间段和此时间段的第二年所提交监测年吨公里数据的绝对提高量；

（iii）在按照第三条 e（1）款和第三条 c（2）款所述时间段和此时间段的第二年所提交监测年吨公里数据超出第一段（b）部分的绝对提高量。

4. 在最迟不超过第二段提交申请截止期限 6 个月内，成员国应将按此段所述收到的申请提交于欧盟委员会。

5. 在最迟不超过第二段所述提交申请截止期限 12 个月内，欧盟委员会应按照第四段为已提交于欧盟委员会的申请决定免费分配配额的基准值。

基准值计算应为特别储备量除以下列各项之和：

（a）包含在按照第三段（a）和第四段所述提交于欧盟委员会申请中的飞机经营者吨公里数据（第一段（a）所述）；

（b）包含在按照第三段（c）（iii）和第四段提交于欧盟委员会申请中的超过第一段（b）部分飞机经营者的绝对吨公里提高值。

6. 第五段所述基准值（每年分配/吨公里）不应高于第三条 e（4）款为飞机经营者所分配的每年分配/吨公里值。

7. 在欧盟委员会采纳第五段决策后 3 个月内，各管理成员国应计算和公布下列内容：

（a）从特别储备当中分配给按照第四段向欧盟委员会提交申请的飞机经营者的配额。此分配计算应为第五段所提基准值乘以：

（i）在飞机经营者为第一段（a）的情况下，按照第三段（a）和第四段提交于欧盟委员会申请中的吨公里数据；

（ii）在飞机经营者为第一段（b）的情况下，按照第三段（c）（iii）和第四段提交于欧盟委员会的申请中的超过第一段（b）部分的飞机经营者绝对吨公里提高值；

（b）分配于各飞机经营者的每年配额应等于，在（a）点所述分配配额除以剩余全部第三条 c（2）所列分配期间内的日历年数。

8. 任何未分配的特别储备配额应由成员国竞价拍卖。

9. 欧盟委员会可以在此条下建立用以运行特别储备配额的详细规则，包括评估第一条下资格准则的遵守情况。这些旨在通过补充方式修改本指令非重要元素的措施应按照第二十三条（3）款所提法定程序和审议制定。

第三条 g

监测和报告计划

管理成员国应保证各飞机经营者向权力机构提交监测计划。监测计划应阐明监测和报告减排的手段，以及吨公里数据，从而保证可以按照第三条 e 款要求进行申请。此计划由权力机构按照第 14 条所列规则批准通过。

第三章

固定设施

第三条 h

范围

此章所列条款应用于对于除航空活动外其他附件一所列活动的温室气体排放许可以及配额分配和签发的相关事宜。

▼M4

第四条

温室气体排放许可

成员国应保证，从 2005 年 1 月 1 日开始，除非经营者持有从权力机构按照第五条和第六条签发的许可或相应设施按照第二十七条未被囊括入共同体体系，否则不得排放任何源于设施运行附件一所列活动所产生的温室气体。此条应同时应用于第二十四条下所选择的设施。

▼B

第五条

温室气体排放许可的申请

向权力机构提交的温室气体排放许可申请书应包含对以下内容的描述：

（a）设施及其活动，包括所用技术；

（b）原料和辅助材料及其使用所导致附件一所列气体的排放；

（c）按附件一所列举的，源于设施的气体排放源；

（d）按照第十四条要求所规划的排放监测和报告措施。

申请书应同时包括第一段所列内容的非技术总结。

第六条

温室气体排放许可的条件和内容

1. 如果权力机构对设施经营者的排放监测和报告能力满意，那么权力机构应签发温室气体排放许可用以批准该设施的全部或部分温室气体排放。一个温室气体排放许可可以覆盖一个或多个由相同经营者在相同地点运营的设施。

权力机构应评估温室气体排放许可，并按情况进行修正，且频率不得低于每5年一次。

2. 温室气体排放许可应包含以下内容：

（a）经营者的名称和地址；

（b）对设施活动及其排放的描述；

（c）满足第十四条相关规定的监测计划。成员国可以让经营者在不改变许可的前提下更新监测计划。经营者应向权力机构提交更新的监测计划，并由权力机构批准；

（d）报告的要求；和

（e）放弃配额的义务。这包括在相关年份结束后4个月内，按照第十五条核查结果放弃超过各日历年设施排放总量的配额，但不包括返回按照第二章所签发的配额。

第七条

设施变动

经营者应向权力机构通报任何改变设施属性和功能的计划，任何扩展或显著降低能力的计划，这些活动可能会被要求更新温室气体排放许可。如必要，权力机构可要求经营者更新温室气体排放许可。在设施经营者身份改变的情况下，权力机构应更新许可以保证新经营者名称和地址的正确性。

第八条

与 96/61/EC 指令的协调

设施运营活动包含在 96/61/EC 指令附件一的情况下，成员国应实施必要的措施以保证签发温室气体排放许可的条件和程序与 96/61/EC 指令下的许可协调一致。本指令第五条、第六条和第七条所列要求可与 96/61/EC 指令程序统一。

第九条

共同体内配额数量

至 2013 年开始，每年签发的共同体内配额总量应呈线性递减趋势。该趋势应起始于 2008 年到 2012 年时间段的中点。配额分配数量应参照成员国遵循欧盟委员会关于成员国国家分配方案决议在 2008 年到 2012 年间年均配额签发总量的 1.74% 的要求按照线性比例递减。

遵循共同体关于各成员国于 2008 至 2012 年间国家分配方案的决议，2013 年度共同体内绝对配额总量应由成员国已签发或即将签发的配额数量决定，并且应在 2010 年 6 月 30 日公布。

欧盟委员会应评估线性因子，并在合适的情况下于 2020 年向欧洲议会和欧盟理事会提交修改建议以便在 2025 年可以采纳新的决议。

第九条 a

共同体内配额数量的修正

1. 对于按照第二十四条（1）款的要求，在 2008 年到 2012 年间包含在共同体体系内的设施，自 2013 年 1 月 1 日起签发的配额数量应参考设施涵盖在体系内的年均排放签发配额量，并按照第九条的线性函数进行修正。

2. 对于从 2013 年以后涵盖在共同体体系并开始运营附件一所列活动的设施，成员国应保证设施的经营者向相应权力机构提交已经证明并通过独立核查的排放数据，以便权力机构可参考此数据对应签发的共同体内配额数量进行修正。

任何此类数据应按照第十四条（1）款的要求在2010年4月30日前提交至相应权力机构。

如果所提交的数据可以得到有效保证，权力机构应在2010年6月30日前通知欧盟委员会，同时将预定签发的配额量（已按第九条所述线性因子修正）做相应修正。在设施有CO_2以外温室气体排放的情况下，权力机构可因虑及参考设施的减排潜力而报告更少的排放。

3. 欧盟委员会应在2010年9月30日公布按第一段和第二段要求的修正过的配额量。

4. 对于按照第二十七条排除在共同体体系以外的设施，2013年1月1日签发的共同体内配额数量应作减少，以反映2008年到2012年期间内此类设施经核查的年均排放。修改应按照第九条所述线性因子完成。

第十条

配额竞价拍卖

1. 自2013年起，成员国应将所有按照第十条a款和第十条c款免费分配的配额竞价拍卖。到2010年12月31日，欧盟委员会应决定并公开预计竞价拍卖的配额量。

2. 各成员国竞价拍卖的配额总量应由以下内容组成：

（a）分发到成员国的88%的竞价拍卖配额总量的分配比例，它应与2005年共同体体系经核查排放的比例或2005年到2007年平均值比例中较高者相同；

（b）10%的竞价拍卖配额量应以促进共同体团结和发展为目的，分发到特定成员国，因此此类成员国按照（a）点要求进行的所有竞价拍卖配额量将遵循附件二a款所列比例提高；

（c）2%的竞价拍卖配额总量分发特定成员国，此类成员国2005年温室气体排放至少低于该成员国《京都议定书》要求的基准年排放量20%以下。此类分发百分比的细则在附件二b中提供。

按（a）点要求，对于2005年没有参与到共同体体系下的成员国，此类成员国的比例按照其2007年在共同体体系下经核查的排放来计算。

如有必要，（b）点和（c）点所述百分比应成比例修正以保证10%和

2%指标的可执行。

3. 成员国应确定配额竞价拍卖所得收益的使用方式。至少50%由第二段所述竞价拍卖所得收益（包括所有按照第二段（b）点和（c）点所得收益或与其相当的金融价值）应用于以下一个或多个方面：

（a）降低温室气体排放，包括参与全球能效和可再生能源基金和参与波兹南气候变化会议（COP 14和COP/MOP 4）确定可选择参与的应对性基金、应对气候变化影响和资助减排和应对气候变化的研究和开发，包括参与欧洲战略能源技术计划和欧洲技术平台框架下的倡议；

（b）开发可再生能源以满足共同体到2020年20%能源来自可再生能源的承诺，并且开发其他技术，完成向安全、可持续和低碳经济的转化，帮助实现共同体到2020年能效提高20%的承诺；

（c）在认可国际气候变化协议的发展中国家进行避免森林砍伐和提高造林和再造林的措施、技术转移的措施和促进应对气候变化不利影响的措施；

（d）共同体内的林业碳汇；

（e）环境安全的二氧化碳捕捉和地质储藏（特别是在固体化石燃料能源基地和一系列的工业行业和子行业，包括第三世界国家）；

（f）鼓励低排放和公共运输；

（g）资助本指令包含行业的能效和清洁技术研究和开发；

（h）为中低收入家庭提供提高能效和热效的服务或在社会关怀层面上提供金融支持的措施；

（i）支付管理共同体体系的行政开销。

3. 如成员国完成以下政策的制定和执行，则可被视作履行了本款的要求：当成员国执行了财政或金融上的扶持政策（特别包括在发展中国家和国家内部财政政策），且该政策具有金融影响力，能够实现第一段所述与第二段中50%竞价配额拍卖所得等价值的收益（包括第二段（b）点和（c）点所列全部收益）。

成员国应在决议No 280/2004/EC要求提交的报告内通告欧盟委员会收益的用途和为满足此段要求所作出的行动。

4. 至2010年6月30日，欧盟委员会应制定规则来规定竞价拍卖的时间、执行和其他细则，以保证竞价拍卖会以公开、透明、和谐和非歧视性的原则进行。鉴此，竞价拍卖在程序上应该是可预测的（特别在时间、竞价拍卖频率和预计供应配额量上）。

竞价拍卖的设计应保证：

（a）经营者，特别是共同体体系下包含的任何中小企业，应享有完全、公平和平等的参与权利；

（b）所有参与者在同时间可以接触到相同信息，参与者不得损害竞价拍卖的运行；

（c）竞价拍卖的组织和参与应具备成本有效性并且避免不必要的行政费用；和

（d）小规模排放者享有接触到配额的权利。

旨在通过补充方式修改本指令非必要元素的措施，应按照第二十三条（3）款审议通过的法定程序进行。

成员国应报告每次竞价拍卖的执行适当性，特别是公平性和公开性、透明性、价格信息和技术以及运行方面信息。相关报告应在相应竞价拍卖前一个月提交并在欧盟委员会网站上公示。

5. 欧盟委员会应监测每年欧盟碳市场的表现，欧盟委员会应向欧洲议会和欧盟理事会提交报告通报碳市场的表现，报告应包括竞价拍卖的执行、流动性和交易量。如必要，成员国应保证任何相关信息会在欧盟委员会完成报告前两个月提交给欧盟委员会。

第十条 a

协调免费配额分配的共同体内过渡规则

1. 至2010年12月31日，欧盟委员会应按照本条第四段、第五段、第七段和第十二段的要求，在共同体内采取经协调的配额分配执行措施，包括一切能保证第十九段内容得到适当应用的条款。

旨在通过补充方式修改本指令非必要元素的措施，应按照第二十三条（3）款审议通过的法定程序进行。

第一段所述措施应在可行性范围内确定共同体内部基准值（提前确定），以保证分配的执行方式有利于提供温室气体减排和刺激能效技术，同时还要考虑到最高效的技术、替代品、其他同类生产工艺、高效率联产、废气高效能源回收、生物质能使用和二氧化碳捕捉与储藏。如果设施有相应条件，措施不得刺激排放的增加。任何发电活动不得获得免费配额（第十条 c 款所述情况和废气发电除外）。

对于各行业和子行业，原则上基准值应以产品量计量，而非输入量，这样可以保证计入该工艺最高的温室气体减排和能效提高效果。

对于制定各行业和子行业基准值（提前确定）的原则，欧盟委员会应咨询相应利益相关方，包括相应行业和子行业。

在共同体批准旨在强制降低与共同体行动具可比性的温室气体排放国际气候变化协议的情况下，欧盟委员会应评估这些措施以保证仅在得到该协议充分认可的情况下提供免费配额。

2. 在制定各行业和子行业基准值（提前确定）原则时，起始点应为 2007 年到 2008 年共同体内行业内或子行业内最高效的 10% 设施的平均表现值。欧盟委员会应咨询相应利益相关方，包括相应行业和子行业。

应当根据第十四条和第十五条执行规则为生产相关的温室气体排放监测、报告和核查提供协调后的规则，以达确定基准值（提前确定）的目的。

3. 尽管考虑第十条 c 款内容，但基于第四段和第八段的要求，配额不得免费分配于发电方、二氧化碳捕捉设施、二氧化碳输送管道或二氧化碳储藏场所。

4. 按照指令 2004/8/EC，应经济、公正且免费地向区域供热和高效热（冷）电联产设施提供配额。在 2013 年后，供热生产设施所得总配额应按照第九条所述线性因子每年修正。

5. 对于非新进入且未被第三段包含的设施，用于计算配额的最高年分配量应不超过以下各量之和：

（a）按照第九条确定的共同体内部年度总量乘以未包含在第三段内的设施排放与 2005 年到 2007 年经核查排放总平均量的比值；

（b）按照第九条线性因子修正过的设施在 2005 年到 2007 年经核查排放的总平均量（该设施须为仅从 2013 年开始纳入共同体体系当中同时并没有包含在第三段的设施）。

必要时，应采用跨行业修正系数。

6. 成员国可以采取金融措施以支持因温室气体排放相关成本所照成的电价转嫁而面临严重碳泄漏风险的行业或子行业，这些成本补偿措施应按照国家补助规则制定并在领域内实行。

这些措施应基于每单位产品的间接二氧化碳排放基准值（提前确定）制定。基准值（提前确定）应按照相应行业或子行业单位产品电力消耗确定，并与最高效的技术和欧洲发电组合的二氧化碳排放相对应。

7. 按照第九条和第九条 a 款的规定，2013 年到 2020 年共同体内部配额总量的 5% 应预留给新进入者，这也是向进入者分配配额的最大量。共同体内部配额的储备没有在 2013 年到 2020 年分配于新进入者或未执行此条第八段、第九段和第十段时，应由成员国竞价拍卖，但要考虑到成员国内设施在此储备中受益的程度、第十条（2）款、第十条（4）款以及细节和时间等执行规定。

分配应按照第九条所述线性因子修正。

免费配额不得给予任何新进入的电力生产者。

至 2010 年 12 月 31 日，欧盟委员会应采纳经协调的规则来定义“新进入者”，特别是关于“新进入者”与“重要扩展”的关系。

旨在通过补充方式修改本指令非必要元素的措施，应按照第二十三条（3）款审议通过的法定程序进行。

8. 到 2015 年前，在新进入者储备内可被分配的配额最高可达 3 亿个单位，这有助于在欧盟领域内建设和运行最高 12 个商业试点环境友好型二氧化碳捕捉和地质储藏项目以及创新性新能源技术项目。

配额应对当前难以开展纯商业行为的地区性平衡开发碳捕捉贮存试点项目和创新性新能源试点项目提供开放。分发应基于经核查的二氧化碳排放数据。

项目筛选应本着客观、透明和知识共享的原则。筛选措施应按照第二十三条（3）款审议通过的程序执行，并向公众公开。

配额应为满足第三段所述原则的项目预留。相应支持应通过成员国给予，支持应在设施经营者为主要投资者的前提下提供。项目可由相应成员国联合出资，或以其他手段融资。项目所获配额不得超过此机制提供总量的 15%，且考虑第七段的要求。

9. 根据第 4 号议定书第一条所述，立陶宛伊格纳利纳核电厂的排放问题遵循 2003 年加盟法要求执行。立陶宛承诺在 2009 年 12 月 31 日关闭伊格纳利纳核电厂 2 号机。在立陶宛 2013 年到 2015 年经核查排放总量不超过同时间内向立陶宛签发的免费配额与 2013 年到 2020 年立陶宛竞价拍卖配额 3/8 之和时，立陶宛可以按照第十条（4）要求竞价拍卖新进入者储备配额。

10. 任何与立陶宛电力网络相连、在 2007 年向立陶宛进口超过其自身 15% 电力消费并因新发电投资而导致排放上升的成员国可以按照第九段的条件应用第九段所述的必要变更。

11. 受制于第十条 10b 款，按照此条第四段到第七段要求在 2013 年免费分配的配额应为按照第一段所述确定数量的 80%。每年的免费分配应等量减少，直到 2020 年只有 30% 的配额以免费的方式分配，到 2027 年不再有免费配额分配。

12. 受制于第十条 10b 款，自 2013 年开始到 2020 年，面临严重碳泄露风险行业或子行业的设施应按照第一段所述措施分配 100% 免费配额。

13. 至 2009 年 12 月 31 日和此后的每个五年，欧盟委员会在欧盟理事会讨论后应按照第十四条到第十七条所述指标确定一个第十二段所述行业或子行业的列表。

在通过分析报告证明行业或子行业满足第十四段到第十七段所述指标并且其活动受到严重影响的情况下，欧盟委员会每年可按照其自身倡议或成员国要求添加行业或子行业到第一子段所述列表之中。

为执行该条款，欧盟委员会应咨询相应利益相关方，包括相应行业和子行业。

旨在通过补充方式修改本指令非必要元素的措施，应按照第二十三条（3）款审议通过的法定程序进行。

14. 为确定第十二条所述行业或子行业，欧盟委员会应在共同体层面评价在多大程度上可能造成因执行本指令所带来的直接配额成本增加和间接电价提高转嫁，而不造成市场份额向共同体外低碳效率设施的大幅度流失。此评价应基于欧盟委员会所提供的平均碳价，且符合欧盟到 2020 年在气候变化领域和可再生能源领域目标的一揽子措施，如可能，还应参考各行业或子行业最近三年内贸易、生产和增值数据。

15. 满足以下情况之一的行业或子行业可被视为面临严重碳泄露风险：

（a）以总附加值比例计算，执行本指令所产生直接和间接的额外成本之和将明显提高生产成本5%以上；

（b）与第三国贸易强度超过10%（贸易强度定义为出口至第三国总价值加向第三国进口值与共同体市场规模（年度营业额加向第三国进口总量）之比）。

16. 除第十五条外，满足以下情况之一的行业或子行业亦可被视为面临严重碳泄露风险：

（a）以总附加值比例计算，执行本指令所产生直接和间接的额外成本之和将明显提高生产成本30%以上；

（b）与第三国贸易强度超过30%（贸易强度定义为出口至第三国总价值加向第三国进口值与共同体市场规模（年度营业额加向第三国进口总量之比）。

17. 完成定性评估后，第十三条所述列表可参考以下指标进行补充：

（a）行业或子行业内的单独设施在多大程度上可以降低排放水平或电力消费（相关生产成本提高的投资应被承担，比如源于最高效技术的成本提高）；

（b）当前和预计的市场特征（包括投放市场时贸易情况或直接和间接的成本提高接近第十六段所述临界值）；

（c）利润率（可被视为长期投资潜力的表现和变更场所的决定性因素）。

18. 在相关数据有的可询的情况下，第十三条所述列表应在考虑以下情况后确定：

（a）第三国在行业或子行业内代表全球决定性产能并被视为面临碳泄露风险，同时在多大程度上坚定地承诺在共同体承诺的期间内降低温室气体排放；

（b）这些国内设施的碳效率与共同体内设施在多大程度上有可比性。

19. 免费分配不得应用于已经停止运行的设施，除非经营者向权力机构证明此设施将在确定和合理的时间内恢复运行。那些温室气体排放许可过期或被取消的设施，以及运行或恢复运行在技术上不可行的设施将被视为停止运行。

20. 作为第一段采取措施的一部分，欧盟委员会应对部分停运设施和严重能力降低设施进行定义，并在适当的范围内，提供在他们当中进行免费配额分配的方式。

第十条 b

在碳泄露的情况下支持高能耗工业的措施

1. 至2010年6月30日，比照国际谈判的成果、全球温室气体减排程度以及咨询所有相关社会伙伴后，欧盟委员会应提交给欧洲议会和欧盟理事会一份分析报告。此报告应评价高能耗行业或子行业面临碳泄露风险的情况。此报告应附上全部合适的建议书，包括：

（a）按照第十条a款分配于这些行业或子行业免费配额的修正比例；

（b）涵盖第十条a款所述行业或子行业从境外的进口者；

（c）评估碳泄露对于成员国能源安全的影响，特别是那些电力联接与其他成员国并不充分和与第三国有电力联接的成员国。并对此提出合适建议。

在分析何种措施合适时，应考虑任何行业内协议（包括要求有效的处理气候变化并导致全球温室气体减排的可监测、可核查和强制执行的协议）。

2. 至2011年3月31日，欧盟委员会应比照2020年进行全部排放的情况，评估按照第一段所决定的免费配额的比例（包括按照第十条a（2）款制定基准值（提前确定）的效果）是否会影响成员国按照第十条（2）（b）款所要求的竞价拍卖的配额量。如果合适，欧盟委员会应向欧洲议会和欧盟理事会提交合适的建议书，并考虑到此建议书可能的分发效果。

第十条 c

对现代发电实施提供的过渡期免费配额分配

1. 作为对第十条a（1）款至（5）款的背离，成员国可以在以下条件之一得到满足的情况下给予在 2008 年 12 月 31 日前开始运行的电力生产设施，或在此日期前开始具体投资程序的电力生产设施发放过渡期免费配额：

（a）在 2007 年，国家电力网络尚未与欧洲输电联盟（UCTE）运营的电力网络直接或间接相接；

（b）在 2007 年，国家电力网络仅与欧洲输电联盟（UCTE）运营的低于 400MW 容量线相接；或

（c）在 2006 年，30% 的电力由单一矿物燃料提供，并且人均 GDP（市价法计算）不超过共同体平均人均 GDP 的 50%。

成员国应向欧盟委员会提交一份涉及基础设施和清洁技术整修、更新的国家计划。国家计划应包含能源多元化和应用于相应投资的同等免费分配配额的市场价值，同时尽可能避免直接导致配额价格提高。成员国应向欧盟委员会提交一份涉及基础设施和清洁技术整修和更新的投资报告。2009 年 6 月 25 日后的投资可以计算在内。

2. 过渡期免费分配应在成员国按照第十条（2）款所述配额量中扣除。在 2013 年，全部过渡期免费分配不应超过 2005 年到 2007 年发电方对应的全部最终成员国消耗的经核查的排放量的 70%，同时该值应逐步递减以达到至 2020 年没有免费分配。对于没有在 2005 年参与共同体体系的成员国，相应排放应参照 2007 年相应成员国在共同体体系下的经核查排放量计算。

2. 有关成员国可作出以下决定：根据该条款配发的配额只用于第十二条（3）款涉及的设施运营者，同时参考相同基于其他相同设施在该年度的配额量。

3. 向经营者的分配应基于 2005 年到 2007 年经核查的排放量或基于使用共同体体系内不同燃料最高碳效率电力生产的排放程度的加权平均值计算的效率基准值（提前确定）。权重可以反映成员国不同燃料的电力生产。按照第二十三条（2）款的要求，欧盟委员会应提供指导意见，以保证分配方法可以避免不必要的扭曲竞争和最大限度降低由减排刺激引起的负面影响。

4. 任何应用此条的成员国应要求受益发电方和网络经营者每 12 个月报告一次按照国家计划所制定投资的执行情况。成员国应向欧盟委员会报

告并将报告公开。

5. 任何打算按照此条分配配额的成员国应在2011年9月30日前向欧盟委员会提交申请书，其中包含拟议分配方式和每笔分配情况。申请书应包含：

（a）成员国至少满足一个第一段所述条件的证明；

（b）申请书所包含的设施列表和按照第三段以及欧盟委员会指导意见将分配于各设施的配额量；

（c）第一段第二段所述的国家计划；

（d）执行国家计划所述投资的监测和实施规定；

（e）体现分配不会造成不必要的扭曲竞争的信息。

6. 欧盟委员会应考虑第五段所述要素评估申请书，并可在接收到相关信息6个月内拒绝整个申请，或其中部分内容。

7. 在成员国向2008年12月31日前开始运行的电力生产设施分发过渡期免费配额阶段结束的两年前，欧盟委员会应评估国家计划的进展情况。如成员国要求，且欧盟委员会认为有必要延长此时期，那么欧盟委员会可以向欧洲议会和欧盟理事会提交合适的建议书，内容包括延长此时期须满足的条件。

第十一条

国家执行措施

1. 各成员国应在2011年9月30日公布和提交涵盖在本指令下的领地内设施列表，和按照第十条a（1）款和第十条c款计算的向各设施分配的免费配额量。

2. 每年2月28日，权力机构应按照第十条、第十条a款和第十条c款计算并签发当年的配额量。

3. 对于那些在第一款中所列举的被欧盟委员会拒绝的设施，成员国可以不按照第二款签发免费配额。

第四章

应用于航空业和固定设施的条款

第十一条a

气候变化国际协议生效前共同体体系CERs和ERUs的使用

1. 在不影响第二十八条（3）和（4）款的情况下，此条第二款到第七款方可应用。

2. 成员国批准在2008年到2012年由经营者或飞机经营者使用的CER和ERU额度尚未用完或有按照第八段授予信用额使用权限的情况下，经营者可以要求权力机构向其签发2013年后有效的配额来交换2012年前的CERs和ERUs减排量。但是产生CERs、ERUs的项目种类应为有资格在共同体体系下，在2008年到2012年间内使用的项目种类。

直到2015年3月31日，权力机构都可以按照要求完成此类交换。

3. 根据经营者或飞机经营者的CER和ERU（该CER和ERU是由成员国批准且应在2008年到2012年间使用）尚未使用的额度或按照第八段授予信用额使用权限，权力机构可以批准经营者用2013年前注册项目在2013年后签发的CERs和ERUs交换在2013年后有效的配额。

3. 第一段应用于所有有资格在2008年到2012年在共同体体系内使用的全部项目类型所产生的CERs和ERUs。

4. 成员国批准在2008年到2012年由经营者或飞机经营者使用的CER和ERU额度尚未用完或有按照第八段授予信用额使用权限的情况下，权力机构应批准经营者用最不发达国家（LDCs）2013年后开始项目所签发的CERs交换2013年后有效的配额。

直到共同体外国家与共同体认可相关协议或至2020年前（选择其中较早时间）前，第一段均可应用于所有有资格在2008年到2012年在共同体体系内使用项目类型所产生的CERs。

5. 在2009年12月31日前国际气候变化协议尚未缔结的情况下，根据经营者或飞机经营者的CER和ERU（该CER和ERU是由成员国批准的，应在2008年到2012年间使用的）尚未使用的额度或按照第八段授予信用额使用权限，成员国可以通过与第三国缔结协议的方式在共同体体系内使用其他来源的信用额或其他减排活动，但需要明确使用的层面。按照此类与第三国缔结的协议，经营者可以使用这些国家产生的信用额来满足自身在共同体体系内的义务。

6. 任何第五段所述协议应提供在2008年到2012年间在共同体体系内使用的，符合共同体资格的项目类型的信用额，其中包括促进技术转移和可持续性发展的可再生能源或能效技术。任何此类协议都应提供使用基准线低于第十条a款所述免费分配标准或共同体法规项目所产生的信用额。

7. 一旦国际气候变化协议达成，只有认可相应协议的第三国项目所产生信用额将会在2013年1月1日后被共同体体系接受。

8. 所有现有的经营者都应被允许在2008年到2020年使用信用额，使用配额上限为其在2008年到2012年被允许的额度，下限为其2008年到2012年被分配额度的11%。

经营者可以使用超过第一段所述11%的信用额，最高使用配额为其2008年到2012年免费分配额与等于2005年到2007年自身经核查排放量特定百分比的基于项目的信用额之和。

新进入者（包括在2008年到2012年内没有接收到免费配额或在2008年到2012年没有接收到CERs和ERUs使用权限）和新行业可以最高按照以下百分比使用CERs和ERUs，此比例不得低于其2013年到2020年经核查的排放量的4.5%。飞机经营者可以按照最高百分比使用信用额，此比例不得低于其2013年到2020年经核查的排放量的1.5%。

应采取措施辨明第一段、第二段和第三段所述确切百分比。基于第一段所述向现有经营者分发的超出指标的配额中至少1/3应分发于在2008年到2012年拥有最低水平免费配额和项目信用额的经营者。

这些措施应保证所有授权使用的信用额不得超过在2008年至2020年间行业减排量的50%（与2005年相比），且不得超过自涵盖之日起至2020年新行业和航空业减排量的50%（与2005年相比）。

旨在通过补充方式修改本指令非必要元素的措施，应按照第二十三条（3）款审议通过的法定程序进行。

9. 自2013年1月1日起，限制特定项目种类信用额的措施可以被应用。

这些措施应明确自何时起第一段到第四段所述信用额的使用将被限制。日期最早应为措施执行后6个月，最迟为措施执行后3年。

旨在通过补充方式修改本指令非必要元素的措施，应按照第二十三条（3）款审议通过的法定程序进行。在成员国要求下，欧盟委员会应考虑提交期望措施的草案。

第十一条b

项目活动

1. 成员国应采取所有必要措施保证项目活动按照《联合国气候变化框架公约》或《京都议定书》所定义的基准线在与欧盟已签订入盟条约的国家执行，并且完全满足共同体所有现有法律（包括条约规定的临时背离）。

共同体及其成员国应承认以下项目活动，即全部项目参与方必须在针对项目缔结国际协议的地点或按照第二十五条所述在与共同体连接的国家联邦或地区设立总部。

2. 除第三段和第四段所述外，成员国主办的项目活动应保证ERUs和CERs不得签发于本指令范围内的温室气体排放配额和温室气体减排。

3. 直到2012年12月31日，对于在本指令范围内减排或限制温室气体的JI和CDM项目，ERUs和CERs的签发只可在设施取消等量配额的前提下进行。

4. 直到2012年12月31日，对于在本指令范围内减排或限制温室气体的JI和CDM项目，ERUs和CERs的签发只可在等量配额从ERUs或CERs签发成员国国家账户取消的前提下进行。

5. 成员国可授权私有或公有实体参与项目活动，但仍负有履行其在《联合国气候变化框架公约》和《京都议定书》下义务的责任。同时应保证相关指南、方式和程序与《联合国气候变化框架公约》或《京都议定书》的一致性。

6. 如果水力发电项目活动的容量超过20MW，成员国应在批准项目活动时保证相关国际指标和指南在项目活动开中得到遵守，包括世界大坝委员会2000年11月报告《大坝与发展——一个新的决策框架》。

7. 执行第三、第四款的内容（特别是关于避免双重计量的部分）应按照第二十三条（2）款要求取得欧盟委员会同意。在东道国满足所有JI项目活动资格的前提下，欧盟委员会应执行此条第五段所述内容。旨在通过补充方式修改本指令非必要元素的措施，应按照第二十三条（3）款审议通过的法定程序进行。在成员国要求下，欧盟委员会应考虑提交期望措施的草案。

第十二条

配额的转移、放弃和注销

1. 成员国应保证配额可以在以下范围内相互转移：

（a）共同体内的人士（含法人）；

（b）共同体内的人士（含法人）和第三国家人士（含法人）。该第三国家的配额已经第二十五条所述程序认可，并除此条件外不受本指令的任何限制。

1a. 欧盟委员会应在2010年12月31日检查排放配额市场是否得到充分保护以避免内部交易和市场操纵。如果合适，欧盟委员会应提交长效建议以保证此类保护的执行。欧洲议会和欧盟理事会指令2003/6/EC内部交易和市场操纵（市场滥用）① 的相关条款应经适当调整后应用于商品交易。

2. 成员国应保证其他成员国权力机构所签发的配额可以在满足第二段a飞机经营者义务或第三段经营者义务的目的下被认可。

2a. 管理成员国应保证在每年4月30日各飞机经营者放弃与相应日历年内总排放量相等的配额量，该总排放量产生于飞机经营者附件一所列航空活动并按第十五条要求核查。成员国应保证按此段所放弃的配额随后被注销。

3. 成员国应保证在每年4月30日各设施的经营者放弃（除按照第二章签发的配额）与相应日历年内总排放量相等的配额量，总排放量为设施按照第十五条核查过的排放量。成员国应保证按此段所放弃的配额随后将

---

① OJ L 96，12.4.2003，p.16.

被注销。

3a. 排放被认定为设施通过碳捕捉和碳运输而实现的永久二氧化碳储存，不造成放弃配额的义务。对此，2009 年 4 月 23 日欧洲议会和欧盟理事会 2009/31/EC 指令①关于利用地质手段进行碳封存的要求将被执行。

4. 成员国应实施必要的步骤保证配额可以在任何时间按照持有人要求被注销。

5. 第一段和第二段的应用不得影响第十条 c 款的执行。

第十三条

配额的有效性

1. 2013 年 1 月 1 日后签发的配额应在 2013 年 1 月 1 日后 8 年内有效。

2. 按照第十二条失效、放弃和注销的配额应在第一段所述各时期开始 4 个月后，由权力机构注销。

2. 成员国应为按照第一段注销的配额持有人签发当下的替代配额。

第十四条

排放的监测和报告

1. 至 2011 年 12 月 31 日，按照附件四所列监测和报告原则，欧盟委员会应为附件一所列活动制定排放的检测和报告规则，同时欧盟委员会应为满足第三条 3e 款或 3f 款的吨公里数据制定监测和报告规则。监测和报告当中的各温室气体全球变暖潜力值应由欧盟委员会明确。

旨在通过补充方式修改本指令非必要元素的措施，应按照第二十三条（3）款审议通过的法定程序进行。

2. 第一段所述规则应考虑最新和最准确的科学证据，特别是来自联合国政府间气候变化专门委员会（IPCC）的证据，同时明确对高耗能工业经营者报告与受到国际竞争产品生产排放报告的要求。规则应明确对信息进行独立核查的要求。

---

① OJ L 140, 5.6.2009, p.114.

这些要求可以包括与产品生产相关的共同体体系内电力产生的排放水平。

3. 成员国应保证各设施经营者或飞机经营者自2010年1月1日起监测日历年内设施或飞行的排放，并按照第一段所述在各年结束后向权力机构报告。

4. 第一段所述内容可以包括要求使用电子化系统和数据交换格式来协调监测计划、年度排放报告以及经营者、核查者和权力机构之间沟通。

第十五条

核查和任命◄

成员国应保证经营者和飞机经营者按照第十四条（3）款要求所提交的报告已经按照附件五所列指标和欧盟委员会按照此条制定的条款核查，且已告知权力机构。

至每年3月31日，成员国应保证若其报告未能按照附件五所列指标和欧盟委员会按照此条制定的条款在当年取得满意的核查结果，则该经营者和飞机经营者不得继续转移配额。该限制一直持续到经营者或飞机经营者的报告得到满意核查结果为止。

欧盟委员会可以为飞机经营者执行第十四条（3）款所述和应用第三条3e和3f所述核查制定细则（包括第二十三条（2）款所述规则程序）。

至2011年12月31日，欧盟委员会应基于附件五所列原则制定排放报告核查细则，并指导核查者。为保证授权机构之间的相互认可和同行评价，欧盟委员会应尽量明确对核查者的任命和取消任命的条件。

旨在通过补充方式修改本指令非必要元素的措施，应按照第二十三条（3）审议通过的法定程序进行。

第十五条a

信息披露和专业机密

成员国和欧盟委员会应保证所有与配额分配量有关的决议和报告以及排放监测、报告和核查信息在第一时间内披露以保障信息获取的非歧视性。

除非凭借适用法律、法规或行政条款，包含专业机密的信息可以不为他人或机构披露。

第十六条

罚则

1. 成员国应为违反本指令的情况制定处罚规则，同时应采取所有必要措施保证相应规则的执行。罚则应有效果、成比例和有劝诫性。成员国应向欧盟委员会及时通报这些条款，以及此后的条款修改。

2. 成员国应保证公开那些违反本指令中涉及放弃配额要求的经营者或飞机经营者的名称。

3. 成员国应保证任何未能在每年 4 月 30 日放弃足够配额以弥补其年度排放的经营者或飞机经营者都按照超出的排放部分被追究罚款责任。经营者或飞机经营者应为每吨未放弃的当量排放支付 100 欧元的超额排放罚款。此超额排放罚则并不代表经营者或飞机经营者在下一日历年可以不放弃当年所欠配额。

4. 2013 年 1 月 1 日后所签发配额相关的超额排放罚则应与欧洲消费指数同比提升。

5. 在飞机经营者不能遵守本指令且其他措施都不能保证其遵守的情况下，飞机经营者的管理成员国可以要求欧盟委员会向此飞机经营者签发禁止经营的决定。

6. 任何关于第五段管理成员国的要求应包括：

（a）飞机经营者未能遵守本指令义务的证明；

（b）成员国作出实施行动的细节；

（c）证明在共同体层面签发禁止经营决定正当性的证明；和

（d）在共同体层面禁止经营的范围和其他条件的建议。

7. 当第五款所述要求提交到欧盟委员会后，欧盟委员会应按照第二款和第三款（1）内容和委员会规则及程序规定通过代表通知其他成员国。

8. 在情况适当且可行时，应通过与日常监督该飞机运营者的相关权力机构咨询的方式，优先根据第五段的要求进行。如果可能，咨询应由委员会和成员国联合进行。

9. 当欧盟委员会考虑是否在第五条所述要求提交后作出决定时，欧盟委员会应向此飞机经营者披露重要事实和决策考量的基础。此飞机经营者可以在披露后10个工作日内向欧盟委员会提交书面意见。

10. 如果成员国要求，欧盟委员会可以按照第二十三条（2）款所述规则程序作出向此飞机经营者签发禁止经营的决定。

11. 各成员国应在其领域内实施任何第十段要求的决定，并向欧盟委员会通报实施此类决定的措施。

12. 如果合适，应对此条所述程序设立执行细则。细则旨在通过补充方式修改本指令非必要元素的措施，应按照第二十三条（3）款审议通过的法定程序进行。

第十七条

信息的获取

按照指令2003/4/EC，关于配额分配的决定、成员国参与项目活动的信息或成员国授权私有和公有实体参与项目活动的信息、温室气体排放许可要求的排放报告和权力机构所持有的信息都应向公众公开。

第十八条

权力机构

成员国应设置合适的管理机构来执行本指令的规定，包括指定合适的权力机构和职权机构。如果设定多家权力机构，则必须对执行本指令的众多机构的工作进行协调。

成员国应特别保证执行《京都议定书》第六条（1）（a）的指定联络点和执行京都议定书第十二条的指定国家机构，或其他执行《联合国气候变化框架公约》或《京都议定书》的机构之间的相互协调。

第十八条a

管理成员国

1. 飞机经营者的管理成员国应为：

（a）在飞机经营者持有按照 1992 年 7 月 23 日理事会 2407/92 号条例由成员国签发的空中运输执照①的情况下，向飞机经营者颁发经营执照的成员国；

（b）在其他情况下，享有最高的预期航空排放的成员国。

2. 如果在第三条 c 款所述时期内的前两年间，参与航空排放的飞机经营者没有包含在此条第一段（b）款所规定的管理成员国中，飞机经营者应在下一个阶段被转移到其他管理成员国。新的管理成员国应为在之前阶段的前两年享有最高的预期航空排放的成员国。

3. 基于最优原则，欧盟委员会应：

（a）在 2009 年 2 月 1 日前，公布附件一所列在 2006 年 1 月 1 日或以后进行航空活动的飞机经营者列表，并按照第一段明确各飞机经营者的管理成员国；和

（b）在此后每年 2 月 1 日前，更新此列表并添加在此后进行附件一所列航空活动的飞机经营者。

4. 欧盟委员会应按照第二十三条（2）款所述规则程序制定关于在本指令下由管理成员国管理飞机经营者的指南。

5. 第一款所述“基准年”的含义指：对于在 2006 年 1 月 1 日后开始在共同体内运营的飞机经营者的第一个开始运营的日历年，或其他所有情况下，2006 年 1 月 1 日开始的日历年。

第十八条 b

欧管协助

为方便第三条 c（4）款和 18a 款的履行，欧盟委员会可以要求欧管（Eurocontrol）或其他相关机构协助，并且可以与这些机构签订合适的协议。

第十九条

注册处

1. 在 2012 年 1 月 1 日后签发的配额应在共同体注册处注册，以便其

---

① OJ L 240，24. 8. 1992，p. 1.

按照第三段所述委员会规则执行关于维护在成员国所开账户持有、分配、放弃和注销配额的程序。

各成员国应履行《联合国气候变化框架公约》或《京都议定书》授权下的运行指令。

2. 任何个人都可以持有配额。注册处向公众开放，且应分别设立独立账户来记录个人的配额持有情况及配额签发和转移的来源和去向。

3. 为执行本指令，欧盟委员会应制定有利于保证标准化和系统安全的规则，用标准的电子数据库保存普通数据，从记录配额的签发、持有、转移和取消，向公众公开数据，同时在适当情况下保护机密，保证全部转移与《京都议定书》内容的完全兼容。此规则也应提供条款限制共同体体系内 CERs 和 ERUs 的使用和鉴别，以及规定对该使用水平的监测。旨在通过补充方式修改本指令非必要元素的措施，应按照第二十三条（3）款审议通过的法定程序进行。

4. 第三款所述规则中应包含合适的模式设计，以保证共同体注册处顺利完成交易和其他为执行第二十五条（1b）中所涉及的计划而进行的行为。此规则也应包含此条第一段所述共同体注册处改变和事件管理的执行程序。此规则应包含合适的方法，使共同体注册处能保证各成员国关于效率提高、进行行政成本管理和质量控制的倡议得到实施。

第二十条

中央管理者

1. 欧盟委员会应制定中央管理者来维护独立交易日志，日志中记录配额的签发、转移和注销。

2. 中央管理者应对各注册处内的交易通过独立交易日志进行自动检查以保证没有发生非正常的配额签发、转移和注销。

3. 如果在自动检查当中鉴别到非正常情况，中央管理者应通知该成员国（或多个成员国），在非正常情况得到解决前不得登记配额交易或其他进一步配额交易。

第二十一条

成员国的报告

1. 成员国应每年向欧盟委员会提交一份应用本指令的报告。报告应特别注意配额分配的设置，注册处的运营、监测和报告，执行措施的应用、核查、任命，本指令履行情况以及配额的账务处理方式。第一份报告应在2005年6月30日发送到欧盟委员会。报告应按照91/692/EEC指令第六条所列程序，基于欧盟委员会起草的问卷或大纲编写。问卷或大纲应在第一份报告提交截止日前6个月发送到成员国。

2. 基于第一段所述报告，欧盟委员会应在接到成员国报告后3个月内公布本指令应用情况的报告。

3. 欧盟委员会应组织成员国权力机构交换关于配额分配、共同体体系内ERUs和CERs的使用、注册处运行、监测、报告、核查、任命、信息技术和履行本指令的信息。

第二十一条 a

对能力建设活动的支持

按照《联合国气候变化框架公约》、《京都议定书》和任何为其执行所采纳的后续决定，欧盟委员会及其成员国应努力支持在发展中国家和经济转型国家进行能力建设活动以帮助他们充分利用JI和CDM所带来的机遇，支持他们的可持续发展战略并促进JI和CDM项目的开发和执行。

第二十二条

附件的修改

除附件一、附件二a和附件二b外，本指令的附件可在考虑第二十一条所述报告和本指令应用经验后进行修改。附件四和附件五可因提高排放监测、报告和核查水平而进行修改。

旨在通过补充方式修改本指令非必要元素的措施，应按照第二十三条（3）款审议通过的法定程序进行。

第二十三条

委员会

1. 按照决议 93/389/EEC 第八条设立的委员会应协助欧盟委员会工作。

2. 参考本段时，应同时应用决议 1999/468/EC 第五条和第七条，并注意第八条的规定。

决议 1999/468/EC 第五条（6）款所列周期应设定为 3 个月。

3. 参考本段时，应同时应用决议 1999/468/EC 第五条 a（1）款至 a（4）款和第七条，并注意第八条的规定。

4. 参考本段时，应同时应用决议 1999/468/EC 第四条和第七条，并注意第八条的规定。

第二十四条

添加单边额外活动和温室气体的程序

1. 自 2008 年起，成员国可以按照本指令对附件一未列的活动和温室气体应用排放配额交易。但要考虑所有相关指标，特别是针对内部市场的影响、扭曲竞争的可能性、共同体体系的环境整体性和计划的监测和报告体系指标的真实性。添加此类活动和温室气体需要按照以下程序获得欧盟委员会批准：

（a）如果被添加设施并不在附件一中，则按照第二十三条（2）款所述规则程序执行；或

（b）如果被添加温室气体和活动并不在附件一当中，则按照第二十三条（3）款所述评审和规则程序执行。

这些都是旨在通过补充方式修改本指令非必要元素的措施。

2. 当添加额外活动和气体被批准时，欧盟委员会可以在同一时间授权签发额外的配额和授权其他成员国添加此额外活动或气体。

3. 应欧盟委员会的倡议或成员国的要求，可以为此活动设立一个应用于附件一组合中未列的设施和温室气体排放监测和报告规则。

3. 旨在通过补充方式修改本指令非必要元素的措施，应按照第二十三

条第（3）款审议通过的法定程序进行。

第二十四条a

针对减排项目的规则协调

1. 第二十四条所述添加方式之外，成员国所管理的项目产生未被共同体体系包含的温室气体减排的情况下，可以采用以下措施保证配额和信用额的签发。旨在通过补充方式修改本指令非必要元素的措施，应按照第二十三条第（3）款审议通过的法定程序进行。

任何此类措施不得导致减排的双重计量或阻止其他为共同体体系外减排所制定的政策措施。只有在不能按照第二十四条要求执行的情况下才能采取此类措施，并且此后一次的欧盟委员会评估应考虑在全共同体范围内涵盖此类排放。

2. 按照第一段所述为共同体层面项目提供信用额的措施可被采纳。

2. 旨在通过补充方式修改本指令非必要元素的措施，应按照第二十三条（3）款审议通过的法定程序进行。

3. 成员国可以拒绝为其境内的特定类型项目签发配额或信用额。

3. 此项目的执行应基于项目实施地成员国的协议。

第二十五条

与其他温室气体排放交易体系的链接

1. 按照《建立欧共体条约》附件300所列规则，与《京都议定书》附件B所列并认可《京都议定书》的第三国之间需以协议缔结为基础，相互认可共同体体系和其他温室气体排放交易体系中的配额。

1a. 协议的订立可以用于提供共同体体系和其他拥有绝对最高排放限制的任何国家、联邦或地区的，兼容的强制温室气体排放交易系统之间的配额认同。

1b. 与第三国、联邦或地区实体签订的非限制性协议，可以提供共同体体系配额和其他拥有绝对最高排放限制的强制性温室气体排放交易体系的管理和技术协调。

2. 当第一段所述协议缔结后，共同体应采取必要措施确保协议下配额的双方认同。旨在通过补充方式修改本指令非必要元素的措施，应按照第二十三条（3）款审议通过的法定程序进行。

第二十五条 a

第三国关于降低航空业气候变化影响的措施

1. 当第三国采取措施降低本国离港并在共同体内落地飞机的气候变化影响时，欧盟委员会在咨询第三国和成员国第二十三条第（1）款所述委员会后，应考虑选择方案从而优化共同体体系和该国减排措施之间的互动。

如果必要，欧盟委员会应采取必要措施，将第三国离港飞机从附件一所列航空活动中排除，或修改根据第四段协议所要求的附件一所列航空活动。旨在通过补充方式修改本指令非必要元素的措施，应按照第二十三条（3）款审议通过的法定程序进行。

欧盟委员会应向欧洲议会和欧盟理事会提交全部其他关于本指令的修订。

如条件允许，欧盟委员会也可按照《建立欧共体条约》附件 300（1）向欧盟理事会提出建议，要求与此第三国谈判签订协议。

2. 共同体及其成员国应持续寻找在全球范围内降低航空温室气体排放的协议。鉴于此协议，欧盟应考虑关于本指令应用于飞机经营者的修改是否必要。

第二十六条

指令 96/61/EC 的修改

以下段落应被添加到指令 96/61/EC 的第九条第（3）款中：

如果设施的温室气体在 2003 年 10 月 13 日欧洲议会和欧盟理事会指令 2003/87/EC 设立欧洲共同体内温室气体排放许可交易体系和修改欧盟理事会指令 96/61/EC① 附件一当中被明确，除非在保证不造成严重地区性污染的前提下，许可不得包含此气体直接排放限制值。

---

① OJ L 275，25. 10. 2003，p. 32.

对于指令 2003/87/EC 附件一所列活动，成员国可以选择不就单位燃烧能效或其他实施地的单位二氧化碳排放问题施加要求。

如有必要，权力机构应适当修改许可。

上述三段落不得应用于根据指令 2003/87/EC 临时从共同体温室气体排放配额交易体系排除的设施。

第二十七条

对同等条件下小型设施的排除

1. 在与经营者咨询后，满足以下条件的成员国设施可以从共同体体系中免除：

该成员国在下述（a）点要求的通知之前每三年都向权力机构报告此设施排放量少于 25，000 吨二氧化碳当量（除生物质排放外，且在有燃烧活动的设施中，需要满足其热输出小于 35MW）。另，该成员国还应实施同等措施以保证完成等量的减排量，同时，该成员国还能须满足以下条件：

（a）成员国向欧盟委员会报告每个设施的情况，并明确同等措施应用于此设施将达到同等减排效果。通知应在执行第十一条（1）款所述列表提交前提交，或最迟在此列表提交于欧盟委员会时提交。

（b）成员国确认已经具有监测配置，可以在任何日历年内评估是否有任何设施排放超过 25，000 吨二氧化碳当量（排除生物质排放）。成员国可以为按照第十四条对在 2008 年到 2010 年经核查排放量低于 5，000 吨二氧化碳当量的设施批准实施简化监测、报告和核查措施。

（c）成员国确认设施在任何日历年排放超过 25，000 吨二氧化碳当量（排除生物质排放）或可以达到同等减排的措施不再使用的情况下，设施将被从新纳入到共同体体系。

（d）成员国公布（a）、（b）和（c）点所述信息供公众意见。

如果实施同等措施，医院可以被免除。

2. 如欧盟委员会在公共意见通知 3 个月后的 6 个月内没有提出反对意见，该免除行为将被视为被批准。

在设施包含在共同体体系期间内，设施可以在放弃配额后被免除，同时成员国应不得按照第十条 a 款为该设施继续签发免费配额。

3. 当设施按照第一段（c）款被重新纳入到共同体体系时，任何按照第十条 a 款签发的配额应从重新纳入年开始。向这些设施签发的配额应由成员国从执行第十条（2）款竞价拍卖配额量中扣除。

全部此类设施应在剩余的交易期间内留在共同体体系内。

4. 对于 2008 年到 2012 年包含在共同体体系内的设施，简化的监测、报告和核查要求可以在确定第一段（a）款所述三年排放期间内被应用。

第二十八条

适用于共同体批准国际气候变化协议的修改

1. 共同体在到 2020 年比 1990 年强制降低温室气体排放超过 20%（反映欧盟理事会在 2007 年 3 月认可的 30% 减排承诺）的国际气候变化协议签字后 3 个月内，欧盟委员会应提交一份报告，对以下方面进行评估：

（a）那些基于国际谈判框架所得方式和手段的本质特征，包括其他发达国家所作出的承诺与共同体减排承诺的比较，以及经济发展水平较高的发展中国家按照其责任和能力参与承诺的水平；

（b）国际气候变化协议的意义及其为实现以平衡、透明和公平的方式提高至减排 30% 的目标，而在共同体层面所作的选择（应综合考虑《京都议定书》第一承诺期内的工作）；

（c）在碳泄露风险范围内共同体国家制造业的竞争力；

（d）国际温室气体协议在其他共同体经济行业的影响；

（e）包括碳泄露风险在内的对共同体农业的影响；

（f）如何考量共同体内与土地使用，土地使用变化和林业有关的排放和转移；

（g）成立获得国际认可的系统，来对第三国的造林、再造林、避免砍伐和森林退化问题进行评价；

（h）是否有必要在共同体和成员国的温室气体减排承诺方面建立额外的共同体政策和措施。

2. 基于第一段所述报告，考虑共同体批准国际气候变化协议前提以及本指令的修改生效和本协议需要实施的减排承诺，欧盟委员会应向欧洲议会和欧盟理事会提交立法建议用以执行第一段的要求对本指令进行修改。

建议书应基于透明、经济有效性和成本有效性的原则，并且向成员国分配工作时考虑公平原则和共同体的团结。

3. 建议书应允许经营者使用本指令所述信用额外的 CERs、ERUs 或其他经批准的来自第三国（已经认可国际气候变化协议的国家）的信用额。

4. 建议书也应包含任何第一段要求的其他所需措施，以保证通过透明、平衡和平等的方式实现强制减排的目标，并且特别应包含共同体体系内的经营者应该应用何种措施来利用额外种类的项目信用，该额外种类的项目信用是指从第十一条 a 款第二段到第五段所指出的项目，或其他机制下经营者使用的有利于国际气候变化协议之下的机制所产生出的信用额。

5. 建议书应包含在国际气候变化协议生效前合适的过渡和叫停措施。

第二十九条

保证碳市场更好运作的报告

基于第十条第（5）款所述的定期碳市场报告，欧盟委员会在有证据证明碳市场运作不良时，应向欧洲议会和欧盟理事会提交报告。此报告可以与旨在提高碳市场透明性和提高有效性的处理措施建议书一并提交。

第二十九条 a

应对过度价格浮动的措施

1. 如果连续 6 个月内配额的价格超过前两年欧洲碳市场平均价格的 3 倍，欧盟委员会应立即与按照决议 No 280/2004/EC 第九条设立的委员会会商。

2. 如果第一段所述价格变动与市场基本面不相符，应根据具体价格变动的幅度采取下列措施之一：

（a）批准成员国将未来部分竞价拍卖的配额在当下竞价拍卖；

（b）批准成员国竞价拍卖新进入者储备当中所剩的配额（最高出售配额为储备量的 25%）。

此类措施应按照第二十三条第（4）款所述程序进行。

3. 任何措施都必须充分考虑由欧盟委员会按照第二十九段向欧洲议会和欧盟理事会所提交的报告，和其他成员国提供的相关信息。

4. 这些条款的应用指南应按照第十条第（4）款所述规则制定。

第三十条

评估和发展

1. 基于温室气体排放监测的进展，欧盟称委员会可在2004年12月31日前向欧洲议会和欧盟理事会提交修改附件一（以包含其他活动）和附件二（其他温室气体排放）的建议。

2. 基于本指令应用的经验、温室气体排放监测以及国际进展，欧盟委员会应编写本指令的应用报告，同时考虑以下问题：

（a）是否和如何修改附件一以包含其他相应行业（尤其是化工、铝业和运输行业），以及为附件二增加怎样的活动和其他温室气体排放内容，借此进一步提升体系的经济有效性；

（b）共同体排放配额交易与2008年开始的国际排放交易的关系；

（c）分配方式的进一步协调（包括2012年后的竞价拍卖）和附件三中所述国家分配方案的指标；

（d）项目活动信用额的使用，包括在共同体体系内协调ERUs和CERs允许使用范围的需求；

（e）排放交易与在其他成员国和共同体层面具有相同目的执行措施（包括税收在内）的关系；

（f）单一共同体注册处是否合适；

（g）超额排放罚则（尤其是考虑通胀的情况下）的水平；

（h）配额市场的作用，特别应注意考虑任何可能的市场紊乱；

（i）如何使共同体体系适应一个扩大的欧盟；

（j）汇集；

（k）开发共同体范围基准值（做为分配的基础）的可操作性，考虑最佳可用技术和成本收益分析；

（l）项目机制在东道国的影响，特别是项目开发目的、是否有高于500MW发电能力、负面环境和社会影响、JI和CDM项目的批准以及在共同体体系内此类项目所产生CERs或ERUs的未来使用；

（m）在发展中国家和经济转型国家支持能力建设的工作；

（n）成员国批准自身项目活动以及在2008年后向此减排或排放限制活动签发配额的方式和程序；

（o）根据《京都议定书》或《联合国气候变化框架公约》的决定，考虑到信用额度时效性本质的相关技术条款和涉及相应转基因生物潜在风险的评估结果以及潜在进攻性外来生物影响结果的条款，根据决议17/CP7制定的配额为1%的土地使用、土地使用变更和造林项目活动资质，允许经营者使用由2008年以后共同体内部涉及土地使用、土地使用变更和造林项目所产生的CERs和ERUs。

欧盟委员会应在2006年6月30日前向欧洲议会和欧盟理事会提交此报告，该报告的提交可以伴随其他合适的建议书。

3. 在第十一条（2）款所述时期之前，各成员国应在其国家分配方案中公布预计的ERUs和CERs的使用，以及设施在此期间内使用ERUs和CERs的最高百分比。ERUs和CERs的总使用量应与《京都议定书》和《联合国气候变化框架公约》以及此后决定的补充义务相一致。

按照欧洲议会和欧盟理事会2004年2月11日决议280/2004/EC关于监测共同体温室气体排放和执行《京都议定书》[①]，成员国应与每两年向欧盟委员会提交报告。报告涉及《京都议定书》的相关条款和决议，国内行动在完成本国承担义务方面所起到的作用，本国在多大程度上使用项目机制对国内行动进行补充，以及两者的应用比例。欧盟委员会将根据上述决议的第五条就此问题作出报告。根据此报告的精神，在适合的情况下，委员会应当作出司法或其他方面的建议，从而完善成员国应遵循的条款，以保证在共同体内使用相关机制补充国内行动。

4. 至2014年12月1日，欧盟委员会应基于指令应用监测和经验，评估本指令对附件一航空活动的作用，同时可通过执行《建立欧共体条约》附件251向欧洲议会和欧盟理事会提交建议。欧盟委员会应特别考虑：

（a）就对共同体的整体作用而言，该指令的含义和影响；

（b）航空业配额市场的作用，特别考虑一切可能的市场紊乱；

（c）共同体的环境效果性和在第三条c款下向飞机经营者分配的配额

---

① OJ L 49，19. 2. 2004，p. 1.

总量与欧盟减排目标一致；

（d）共同体体系对航空行业的影响，包括竞争力问题，特别考虑在欧盟外执行气候变化政策的效果；

（e）坚持为飞机经营者保留特别储备，考虑该行业可能的收敛性增长率；

（f）共同体体系对岛屿、内陆地区、次要地区和共同体边缘地区航空运输结构性依靠的影响；

（g）是否关口系统应被引入以促进飞机经营者和设施经营者之间的配额交易并保证交易不会导致配额由飞机经营者向设施经营者净流入；

（h）附件一所述免除临界值在核证一家飞机经营者最大起飞量和年飞机运行量上的影响；

（i）[①] 特定飞机在执行根据理事会（EEC）No 2408/92 条例《共同体航空承运人加入共同体内部航线》所规定的公共服务义务框架时，可从共同体中免除。考虑这种情况下该免除的影响；

（j）航空效率的发展（包括未来发展的潜力）、特别满足欧洲航空研究咨询理事会（ACARE）目标的发展和在 2020 年降低 50% 燃料消耗的试点技术开发以及进一步提高效率的必要性；

（k）开发航空造成的凝结尾（航空用词）和卷云对气候变化影响的科学理解，并考虑提议有效地减缓措施。

欧盟委员会应向欧洲议会和欧盟理事会报告。

第五章

最终条款

第三十一条

执行

1. 成员国应保证为履行本指令制定的法律、法规和行业规范的生效日

---

① OJ L 240，24. 8. 1992，p. 8.

期不迟于 2003 年 12 月 31 日。生效后，成员国应立即向欧盟委员会报告，并由欧盟委员会通知其他成员国。

当成员国采纳这些措施时，应同时引用本指令的出处，或在官方公布时附带此出处。成员国应制定相应引用出处的方法。

2. 成员国应与欧盟委员会沟通其为本指令采纳的国内法律条款的文字表述。欧盟委员会应由此通知其他成员国。

第三十二条

生效

本指令应于欧盟官方公报之日起生效。

第三十三条

生效范围

本指令对全体成员国有效。

附件一

本指令所适用活动种类

1. 用于研究、开发和测试新产品的设施或部分设施，以及仅以生物质为原料的设施不属本指令所辖范畴。

2. 以下所述临界值通常指生产能力或输出能力。如在同一设施中运行的多个活动属于同一种类，活动的能力值为各项相加之和。

3. 当计算设施的所有相关热输出值以确定其是否包含在共同体体系内时，设施中所有技术单位的相关热输出值应相加。技术单位包括所有锅炉、燃烧器、汽轮机、加热器、熔炉、焚烧器、煅烧炉、窑、炉、烘干器、发动机、燃料电池、化学循环燃烧单位、燃烧和燃烧后热（或催化）单位。额定热输入值3MW以下的单位和仅使用生物质的单位不在此计算中。使用生物质的单位包括仅在开始或关闭时使用化石燃料的单位。

4. 在用于某活动的单位总热输出值不能以额定热输出值表示的情况下，此活动的临界值应为决定此活动是否应涵盖在共同体体系内的指标。

5. 在超出附件一所列活动能力临界值的情况下，所有燃料燃烧单位（除危险物和市政废物燃烧设施外）都应涵盖在温室气体排放许可当中。

6. 自2012年1月1日起，所有在成员国境内机场起飞或降落的飞机都属本指令所辖范畴。

活动	温室气体
总额定热输入值超过20MW的燃料燃烧设施（排除危险物和市政废物焚烧设施）	二氧化碳
矿物油精炼	二氧化碳
焦炭生产	二氧化碳
金属矿石（包括硫化矿）焙烧或烧结，包括辊磨	二氧化碳
产能超过2.5吨/小时的生铁或钢生产活动（一级和二级融合）	二氧化碳
总额定热输入值超过20MW的黑色金属（包括铁合金）生产或加工（加工过程包括轧钢、再加热、退火、锻冶、铸造、涂料和酸洗）	二氧化碳

续表

活动	温室气体
初级炼铝	二氧化碳 全氟化碳
总额定热输入值超过20MW的精铝生产	二氧化碳
总额定热输入值超过20MW的有色金属生产或加工（包括合金，精炼，浇铸等）	二氧化碳
超过500吨/天产能的旋窑水泥，或超过50吨/天的其他熔炉制水泥	二氧化碳
使用旋窑或其他熔炉超过50吨/天产能的石灰生产或煅烧白云石或菱镁矿	二氧化碳
融化能力超过20吨/天的玻璃生产（含光纤）	二氧化碳
超过75吨/天产能的陶瓷烧制生产（包括烧制屋顶瓦、砖、耐火砖、瓷砖、陶器和瓷器）	二氧化碳
超过20吨/天熔炼能力的矿棉保温材料（使用玻璃、岩石和矿渣）的生产	二氧化碳
燃烧单位总额定热输入值超过20MW的干燥或钙化石膏、或石膏板生产及石膏制品	二氧化碳
使用木材或其他纤维的纸浆生产	二氧化碳
超过20吨/天产能的纸和纸盒生产	二氧化碳
燃烧单位总额定热输入超过20MW的炭黑生产（使用油、沥青和裂解以及蒸馏残余物）	二氧化碳
硝酸生产	二氧化碳 氧化亚氮
己二酸生产	二氧化碳 氧化亚氮
乙二醛和乙醛酸生产	二氧化碳 氧化亚氮
氨的生产	二氧化碳
超过100吨/天产能的有机化学品生产（通过裂解、重整、全部或部分氧化或类似工艺）	二氧化碳

续表

活动	温室气体
超过25吨/天产能的氢气和合成气体（通过重整和全部或部分氧化）生产	二氧化碳
纯碱（Na_2CO_3）和小苏打（$NaHCO_3$）的生产	二氧化碳
以向2009/31/EC指令中所许可的储藏地储藏和运输为目的进行的温室气体捕捉（排放来源于本指令包含的设施）	二氧化碳
以储藏为目的向2009/31/EC指令中所许可的储藏地通过管道运输温室气体	二氧化碳
以储藏为目的在2009/31/EC指令中所许可的储藏地进行储藏	二氧化碳
航空 在成员国境内机场起飞或降落的飞机应被涵盖。 本活动不包括： (a) 以官方任务为目的并在飞行计划上合适指出专门为成员国以外其他国家在位君主及其家庭、国家首脑、政府首脑和政府部长进行的飞行； (b) 军用飞机执行的军事飞行、海关和警察飞行； (c) 合适权力机构授权的用于搜索和搜救的飞行、救火飞行、人道飞行和紧急医疗飞行； (d) 按照芝加哥公约附件二定义的可视飞行规则进行的飞行； (e) 中途不曾降落并在起飞地降落的飞行； (f) 仅以获得执照或评价机组人员为目的并有合适的飞行计划标识（非乘客运输、航空物流和定位或运输飞机）的飞行； (g) 仅以科学研究为目的或以检查、测试或核证飞机或器械（空中或地面）的飞行； (h) 由经核证最大起飞质量低于5 700千克飞机进行的飞行； (i) 按照（EEC）No 2408/92条例所制定的公共服务义务框架在边缘地区（《建立欧共体条约》第299条（2））或客容量低于30 000人/年的线路进行的飞行；和 (j) 满足下列条件的商业空中运输飞行： —在3个连续的4个月期间内飞行少于243次，或 —年度总排放少于10 000吨二氧化碳的飞行。 用于官方任务，为成员国在位君主及其家庭、国家首脑、政府首脑和政府部长进行的飞行不受此约束。	二氧化碳

附件二

第三条和第三十条所述温室气体

二氧化碳（CO_2）

甲烷（CH_4）

氧化亚氮（N_2O）

氢氟碳化物（HFCs）

全氟碳化物（PFCs）

六氟化硫（SF_6）

附件二 a

为推动减排和适应气候变化影响，促进共同体团结和发展，按本指令第十条（2）（a）所进行的成员国竞价拍卖配额比例的增加情况

	成员国比例
比利时	10%
保加利亚	53%
捷克	31%
爱沙尼亚	42%
希腊	17%
西班牙	13%
意大利	2%
塞浦路斯	20%
拉脱维亚	56%
立陶宛	46%
卢森堡	10%
匈牙利	28%
马耳他	23%
波兰	39%
葡萄牙	16%
罗马尼亚	53%
斯洛文尼亚	20%
斯洛伐克	41%
瑞典	10%

附件二 b

按本指令第十条（2）（c）要求，以反映成员国为实现温室气体减排20%所作早期努力而进行的竞价拍卖配额的分配情况

成员国	分配比例
保加利亚	15%
捷克	4%
爱沙尼亚	6%
匈牙利	5%
拉脱维亚	4%
立陶宛	7%
波兰	27%
罗马尼亚	29%
斯洛伐克	3%

附件四

第十四条（1）所述监测和报告原则

▼M2

A 部分——固定设施排放的监测和报告

▼B

二氧化碳排放的监测

排放应通过计算或基于测量来监测。

计算

排放的计算应使用以下公式：

活动数据×排放因子×氧化因子

活动数据（燃料使用、生产率等）应以供应数据或测量为基础监测。

应当采用被接受的排放因子。针对具体活动的排放因子可以被所有种类的燃料接受。非商业燃料（废物燃料，如轮胎和工业工艺气体）以外所有燃料都可使用默认因子。煤矿具体矿层默认值、欧盟具体默认因子或天然气生产国具体默认因子有待进一步详尽定义。IPCC 默认值可以用于精炼产品。生物质排放因子为零。

如果排放因子并未考虑碳的充分氧化问题，那么需使用额外的氧化因子。反之，则不必。

除非经营者可以证明活动具体因子更加准确，否则应使用根据 96/61/EC 指令所开发的默认氧化因子进行计算。

各活动、设施和燃料的计算应分别完成。

测量

排放的测量应采用标准的或广泛接受的方法，并且应经排放计算所证实。

其他温室气体排放的监测

▼M3

应使用由欧盟委员会与所有利益相关方合作开发的标准化或被接受的方式。旨在通过补充方式修改本指令非必要元素的措施，应按照第二十三条（3）审议通过的法定程序进行。

▼B

排放报告

经营者应在其设施报告中应包括以下信息：

A. 设施的身份，包括：

—设施的名称；

—设施的地址，包含邮政编码和国家；

—设施进行附件一所列活动的种类和数量；

—联系人的地址、电话、传真和邮件；和

—设施所有者及母公司的名称。

B. 对于在需要计算排放量的地点进行的附件一活动，应包括：

—活动数据；

—排放因子；

—氧化因子；

—总排放；和

—不确定性。

C. 对于在需要测量排放量的地点进行的附件一活动，应包括：

—总排放；

—测量方式真实性的信息；和

—不确定性。

D. 除非在开发活动中时已考虑具体排放因子问题，否则，对于燃烧所产生的排放，报告应同时包括氧化因子的内容。

成员国应在现有报告要求的基础上，采取协调措施以降低商业活动的报告负担。

▼M2

B 部分——航空活动的排放监测和报告

二氧化碳排放的监测

排放应以计算方式被监测。排放应以以下公式计算：

燃料消耗 × 排放因子

燃料消耗应包括辅助动力单位所消耗的燃料。各次飞行的实际燃料消耗（只要是可能的）由以下公式计算：

在飞行燃料添加完成时飞机油箱所容纳的燃料量 – 在下一次飞行燃料添加完成时飞机油箱所容纳的燃料量 + 下次飞行的燃料添加量。

如果实际的燃料消耗数据不可得，应基于最佳可得信息使用标准化的梯级方式估计燃料消耗。

除非由独立任命的实验室应用被广泛接受的分析方法确定的活动具体排放因子更加准确，否则应采用 2006 年 IPCC 清算指南或其后更新的指南所列 IPCC 默认排放因子。生物质排放因子应为零。

各次飞行和各种燃料应分别计算。

排放报告

飞机经营者应在本指令第十四条第（3）款所要求的报告中提供以下信息：

A. 确定飞机经营者身份的数据，包括：

—飞机经营者的名称；

—飞机经营者的管理成员国；

—飞机经营者的地址，包括邮政编码和国家以及飞机经营者在管理成员国的联系地址（如果不同）；

—飞机注册号和报告时期内进行附件一所列航空活动所使用的飞机类型；

—飞机经营者核证号及其签发机构，和进行附件一所列航空活动的经营执照；

—联系人的地址、电话、传真和邮件；和

—飞机所有者的名称。

B. 对于各类燃料的排放计算，因包括：

—燃料消耗；

—排放因子；

—所有飞行总合计排放。这里的飞行包括飞机经营者所有报告时期内进行附件一所列航空活动。

—合计排放包括：

• 飞机经营者所有报告时期内进行附件一所列航空活动并在成员国领域内同一机场离港和到达的飞行；

• 飞机经营者所有其他报告时期内进行附件一所列航空活动；

—所有飞行总合计排放。这里的飞行包括飞机经营者所有报告时期内进行附件一所列航空活动和

• 飞离各成员国，和

• 由第三国到达各成员国，

—不确定性。

以第三条 e 和第三条 f 为目的吨公里数据监测

对于按照第三条 e（1）或第三条 f（2）以应用配额分配为目的的活动，航空活动量应采用以下公式计算：

吨公里 = 距离 × 商业载重量

其中：

‘距离’指离港机场与目的机场的距离加 95 千米（固定因子）；和

‘商业载重量’指运载货物、邮件和乘客的总重量。

为计算商业载重量，应考虑：

—乘客数为除机组成员外的机上人数，

—飞机经营者可以选择应用乘客的实际或标准重量来计算乘客质量及其托运行李的质量。可以采用飞行平衡文件来确定行李质量，或使用默认值 100kg 代表每一个旅客和其行李的质量。

以第三条 e 和第三条 f 为目的的吨公里报告

每个飞机经营者都应在其第三条 e（1）款或第三条 f（2）款所属申请中包含以下信息：

A. 确定飞机经营者的数据，包括：

—飞机经营者的名称；

—飞机经营者的管理成员国；

—飞机经营者的地址，包括邮政编码和国家，飞机经营者在其管理成员国的联系地址（如果不同）；

—飞机注册号和报告时期内进行附件一所列航空活动所使用的飞机类型；

—飞机经营者核证号及其签发机构，和进行附件一所列航空活动的经营执照；

—联系人的地址、电话、传真和邮件；和

—飞机所有者的名称。

B. 吨 - 公里数据，包括：

—对应机场飞行次数；

—对应机场乘客 - 公里数；

—对应机场吨 - 公里数；

—计算乘客和托运行李重量的方法；

—飞机经营者在执行附件一所列航空活动年度所有飞行的总吨公里数。

▼B

附件五

第十五条所述核查指标

▼M2

A 部分——固定设施排放的核查

▼B

通用原则

1. 全部附件一所列活动的排放都应接受核查。

2. 核查程序应包括对执行第十四条（3）款要求的报告和前一年的监测结果的考查。核查应处理监测系统、报告中排放数据和信息真实性、可信性和准确性的问题，尤其应关注：

（a）报告中活动数据以及相关测量和计算；

（b）排放因子的选择和使用；

（c）确定总排放的计算；和

（d）测量方法的选择及其适用性。

3. 只有真实、可信的数据保证了排放信息的高确定性，报告中的排放信息才被视为有效。高确定性要求经营者做到：

（a）报告中数据一致；

（b）数据搜集按照适用的科学标准进行；和

（c）设施的相关记录完整、一致。

4. 核查者可接触到所有与此核查相关的场所和信息。

5. 核查者考虑过设施在共同体生态管理和审计体系（EMAS）中的注册问题。

方法学

策略分析

6. 核查应基于对设施进行的所有活动的策略分析之上，核查者应对所有活动及其排放重要性有全面了解。

程序分析

7. 须提交信息的核查应在设施所在地进行。核查者应使用随机检查来确保报告中数据和信息的真实性。

风险分析

8. 核查者应对设施的所有排放源进行评估，以保证设施各排放源的数据的真实性。

9. 基于此分析，核查者应明确定义错误高发的源头以及其他可能导致错误确定总排放量的监测和报告程序。尤其应注意排放因子选项和确定各单一排放源排放水平的计算。对前面提到的那些错误高发源和监测程序也应加强关注。

10. 核查者应考虑经营者为降低不确定性采取的所有有效控制风险的方式。

报告

11. 核查者应为核查程序准备报告，并对执行第十四条（3）的报告是否合格作出评价。报告应明确所有完成的相关工作。如果核查者认为总排放量表述正确，则应对此报告合格的执行了第十四条（3）的要求作出明确陈述。

核查者最低能力要求

12. 核查者应相对经营者独立、合理和专业的进行工作且能够理解：

（a）本指令的条款，以及欧盟委员会执行第十四条（1）款采纳的相关标准和指南；

（b）与被核查活动相关的法律、法规和行政要求；和

（c）设施各排放源信息的出处，特别是关于数据的搜集、测量、计算和报告。

▼M2

B 部分——航空活动排放的核查

13. 此附件所述通用原则和方法学应用于附件一所列航空活动排放报告的核查。

因此，

（a）在第三段中，提及经营者的部分应被解读为飞机经营者。在第三

段（c）点中提及设施的部分应被解读为该报告中涵盖航空活动所使用的飞机；

（b）在第五段中，提及的设施应被解读为飞机经营者；

（c）在第六段中，提及的设施所进行的活动应被解读为该报告中涵盖的飞机所开展的航空活动；

（d）在第七段中，提及的设施所在地应被解读为该报告中涵盖的航空活动的所在的地点；

（e）在第八段和第九段中，提及的设施的排放源应被解读为飞机经营者所负责的飞机；和

（f）在第十段和第十二段中，提及的经营者应被解读为飞机经营者。

航空排放核查的额外条款

14. 核查者应特别保证：

（a）所有用于附件一所列航空活动的飞行都已被考虑。包括经营者向欧管要求的数据在内的行程表和其他飞机经营者的交通数据都应提交给核查者；

（b）总计燃料消耗数据与燃料购买数据或其他向进行航空活动飞机供应燃料的数据相一致。

以第三条（3）和第三条f为目的提交的吨公里数据的额外核查条款

15. 第十四条（3）核查排放报告的通用原则和方法学应同时适用于航空吨公里数据核查。

16. 核查者应特别保证只有飞机经营者所负责的附件一所列航空活动的实际飞行会在第三条e（1）和第三条f（2）所述经营者申请中被考虑。包括经营者向欧管要求的数据在内的行程表和其他飞机经营者的交通数据应提交给核查者。此外，核查者应保证飞机经营者所报告的商业载重量与此经营者因安全因素所保存的商业载重量记录相符。

英文原文

▼B

DIRECTIVE 2003/87/EC OF THE EUROPEAN PARLIAMENT AND OF THE COUNCIL of 13 October 2003

establishing a scheme for greenhouse gas emission allowance trading within the Community and amending Council Directive 96/61/EC (Text with EEA relevance)

(OJ L 275, 25. 10. 2003, p. 32)

Amended by:

		Official Journal		
		No	page	date
►M1	Directive 2004/101/EC of the European Parliament and of the Council Text with EEA relevance of 27 October 2004	L 338	18	13. 11. 2004
►M2	Directive 2008/101/EC of the European Parliament and of the Council Text with EEA relevance of 19 November 2008	L 8	3	13. 1. 2009
►M3	Regulation (EC) No 219/2009 of the European Parliament and of the Council of 11 March 2009	L 87	109	31. 3. 2009
►M4	Directive 2009/29/EC of the European Parliament and of the Council Text with EEA relevance of 23 April 2009	L 140	63	5. 6. 2009

▼B

DIRECTIVE 2003/87/EC OF THE EUROPEAN PARLIAMENT AND OF THE COUNCIL of 13 October 2003

establishing a scheme for greenhouse gas emission allowance trading within the Community and amending Council Directive 96/61/EC (Text with EEA relevance)

THE EUROPEAN PARLIAMENT AND THE COUNCIL OF THE EUROPEAN UNION,

Having regard to the Treaty establishing the European Community, and in particular Article 175 (1) thereof,

Having regard to the proposal from the Commission①,

Having regard to the opinion of the European Economic and Social Committee②,

Having regard to the opinion of the Committee of the Regions ③,

Acting in accordance with the procedure laid down in Article 251 of the Treaty ④,

Whereas:

---

① OJ C 75 E, 26. 3. 2002, p. 33.

② OJ C 221, 17. 9. 2002, p. 27.

③ OJ C 192, 12. 8. 2002, p. 59.

④ Opinion of the European Parliament of 10 October 2002 (not yet published in the Official Journal), Council Common Position of 18 March 2003 (OJ C 125 E, 27. 5. 2003, p. 72), Decision of the European Parliament of 2 July 2003 (not yet published in the Official Journal) and Council Decision of 22 July 2003.

续表

(1)	The Green Paper on greenhouse gas emissions trading within the European Union launched a debate across Europe on the suitability and possible functioning of greenhouse gas emissions trading within the European Union. The European Climate Change Programme has considered Community policies and measures through a multi – stakeholder process, including a scheme for greenhouse gas emission allowance trading within the Community (the Community scheme) based on the Green Paper. In its Conclusions of 8 March 2001, the Council recognised the particular importance of the European Climate Change Programme and of work based on the Green Paper, and underlined the urgent need for concrete action at Community level.
(2)	The Sixth Community Environment Action Programme established by Decision No 1600/2002/EC of the European Parliament and of the Council ① identifies climate change as a priority for action and provides for the establishment of a Community – wide emissions trading scheme by 2005. That Programme recognises that the Community is committed to achieving an 8% reduction in emissions of greenhouse gases by 2008 to 2012 compared to 1990 levels, and that, in the longer – term, global emissions of greenhouse gases will need to be reduced by approximately 70% compared to 1990 levels.
(3)	The ultimate objective of the United Nations Framework Convention on Climate Change, which was approved by Council Decision 94/69/EC of 15 December 1993 concerning the conclusion of the United Nations Framework Convention on Climate Change ②, is to achieve stabilisation of greenhouse gas concentrations in the atmosphere at a level which prevents dangerous anthropogenic interference with the climate system.

① OJ L 242, 10.9.2002, p. 1.

② OJ L 33, 7.2.1994, p. 11.

续表

(4)	Once it enters into force, the Kyoto Protocol, which was approved by Council Decision 2002/358/EC of 25 April 2002 concerning the approval, on behalf of the European Community, of the Kyoto Protocol to the United Nations Framework Convention on Climate Change and the joint fulfilment of commitments thereunder ①, will commit the Community and its Member States to reducing their aggregate anthropogenic emissions of greenhouse gases listed in Annex A to the Protocol by 8% compared to 1990 levels in the period 2008 to 2012.
(5)	The Community and its Member States have agreed to fulfil their commitments to reduce anthropogenic greenhouse gas emissions under the Kyoto Protocol jointly, in accordance with Decision 2002/358/EC. This Directive aims to contribute to fulfilling the commitments of the European Community and its Member States more effectively, through an efficient European market in greenhouse gas emission allowances, with the least possible diminution of economic development and employment.
(6)	Council Decision 93/389/EEC of 24 June 1993 for a monitoring mechanism of Community CO_2 and other greenhouse gas emissions ②, established a mechanism for monitoring greenhouse gas emissions and evaluating progress towards meeting commitments in respect of these emissions. This mechanism will assist Member States in determining the total quantity of allowances to allocate.
(7)	Community provisions relating to allocation of allowances by the Member States are necessary to contribute to preserving the integrity of the internal market and to avoid distortions of competition.
(8)	Member States should have regard when allocating allowances to the potential for industrial process activities to reduce emissions.
(9)	Member States may provide that they only issue allowances valid for a five – year period beginning in 2008 to persons in respect of allowances cancelled, corresponding to emission reductions made by those persons on their national territory during a three – year period beginning in 2005.

① OJ L 130, 15.5.2002, p. 1.

② OJ L 167, 9.7.1993, p. 31. Decision as amended by Decision 1999/296/EC (OJ L 117, 5.5.1999, p. 35).

续表

(10)	Starting with the said five – year period, transfers of allowances to another Member State will involve corresponding adjustments of assigned amount units under the Kyoto Protocol.
(11)	Member States should ensure that the operators of certain specified activities hold a greenhouse gas emissions permit and that they monitor and report their emissions of greenhouse gases specified in relation to those activities.
(12)	Member States should lay down rules on penalties applicable to infringements of this Directive and ensure that they are implemented. Those penalties must be effective, proportionate and dissuasive.
(13)	In order to ensure transparency, the public should have access to information relating to the allocation of allowances and to the results of monitoring of emissions, subject only to restrictions provided for in Directive 2003/4/EC of the European Parliament and of the Council of 28 January 2003 on public access to environmental information ①.
(14)	Member States should submit a report on the implementation of this Directive drawn up on the basis of Council Directive 91/692/EEC of 23 December 1991 standardising and rationalising reports on the implementation of certain Directives relating to the environment ②.
(15)	The inclusion of additional installations in the Community scheme should be in accordance with the provisions laid down in this Directive, and the coverage of the Community scheme may thereby be extended to emissions of greenhouse gases other than carbon dioxide, inter alia from aluminium and chemicals activities.
(16)	This Directive should not prevent any Member State from maintaining or establishing national trading schemes regulating emissions of greenhouse gases from activities other than those listed in Annex I or included in the Community scheme, or from installations temporarily excluded from the Community scheme.
(17)	Member States may participate in international emissions trading as Parties to the Kyoto Protocol with any other Party included in Annex B thereto.

① OJ L 41, 14. 2. 2003, p. 26.

② OJ L 377, 31. 12. 1991, p. 48.

续表

(18)	Linking the Community scheme to greenhouse gas emission trading schemes in third countries will increase the cost – effectiveness of achieving the Community emission reductions target as laid down in Decision 2002/358/EC on the joint fulfilment of commitments.
(19)	Project – based mechanisms including Joint Implementation (JI) and the Clean Development Mechanism (CDM) are important to achieve the goals of both reducing global greenhouse gas emissions and increasing the cost – effective functioning of the Community scheme. In accordance with the relevant provisions of the Kyoto Protocol and Marrakech Accords, the use of the mechanisms should be supplemental to domestic action and domestic action will thus constitute a significant element of the effort made.
(20)	This Directive will encourage the use of more energy – efficient technologies, including combined heat and power technology, producing less emissions per unit of output, while the future directive of the European Parliament and of the Council on the promotion of cogeneration based on useful heat demand in the internal energy market will specifically promote combined heat and power technology.
(21)	Council Directive 96/61/EC of 24 September 1996 concerning integrated pollution prevention and control ① establishes a general framework for pollution prevention and control, through which greenhouse gas emissions permits may be issued. Directive 96/61/EC should be amended to ensure that emission limit values are not set for direct emissions of greenhouse gases from an installation subject to this Directive and that Member States may choose not to impose requirements relating to energy efficiency in respect of combustion units or other units emitting carbon dioxide on the site, without prejudice to any other requirements pursuant to Directive 96/61/EC.
(22)	This Directive is compatible with the United Nations Framework Convention on Climate Change and the Kyoto Protocol. It should be reviewed in the light of developments in that context and to take into account experience in its implementation and progress achieved in monitoring of emissions of greenhouse gases.

① OJ L 257, 10. 10. 1996, p. 26.

续表

(23)	Emission allowance trading should form part of a comprehensive and coherent package of policies and measures implemented at Member State and Community level. Without prejudice to the application of Articles 87 and 88 of the Treaty, where activities are covered by the Community scheme, Member States may consider the implications of regulatory, fiscal or other policies that pursue the same objectives. The review of the Directive should consider the extent to which these objectives have been attained.
(24)	The instrument of taxation can be a national policy to limit emissions from installations temporarily excluded.
(25)	Policies and measures should be implemented at Member State and Community level across all sectors of the European Union economy, and not only within the industry and energy sectors, in order to generate substantial emissions reductions. The Commission should, in particular, consider policies and measures at Community level in order that the transport sector makes a substantial contribution to the Community and its Member States meeting their climate change obligations under the Kyoto Protocol.
(26)	Notwithstanding the multifaceted potential of market – based mechanisms, the European Union strategy for climate change mitigation should be built on a balance between the Community scheme and other types of Community, domestic and international action.
(27)	This Directive respects the fundamental rights and observes the principles recognised in particular by the Charter of Fundamental Rights of the European Union.
(28)	The measures necessary for the implementation of this Directive should be adopted in accordance with Council Decision 1999/468/EC of 28 June 1999 laying down the procedures for the exercise of implementing powers conferred on the Commission ①.
(29)	As the criteria (1), (5) and (7) of Annex III cannot be amended through comitology, amendments in respect of periods after 2012 should only be made through codecision.

① OJ L 184, 17. 7. 1999, p. 23.

续表

(30)	Since the objective of the proposed action, the establishment of a Community scheme, cannot be sufficiently achieved by the Member States acting individually, and can therefore by reason of the scale and effects of the proposed action be better achieved at Community level, the Community may adopt measures, in accordance with the principle of subsidiarity as set out in Article 5 of the Treaty. In accordance with the principle of proportionality, as set out in that Article, this Directive does not go beyond what is necessary in order to achieve that objective.

HAVE ADOPTED THIS DIRECTIVE:

▼ M2

CHAPTER I

GENERAL PROVISIONS

▼ B

Article 1

Subject matter

This Directive establishes a scheme for greenhouse gas emission allowance trading within the Community (hereinafter referred to as the ‘Community scheme’) in order to promote reductions of greenhouse gas emissions in a cost-effective and economically efficient manner.

▼ M4

This Directive also provides for the reductions of greenhouse gas emissions to be increased so as to contribute to the levels of reductions that are considered scientifically necessary to avoid dangerous climate change.

This Directive also lays down provisions for assessing and implementing a stricter Community reduction commitment exceeding 20%, to be applied upon the approval by the Community of an international agreement on climate change leading to greenhouse gas emission reductions exceeding those required in Article 9, as reflected in the 30% commitment endorsed by the European Council of March 2007.

▼ B

Article 2

Scope

1. This Directive shall apply to emissions from the activities listed in Annex I and greenhouse gases listed in Annex II.

2. This Directive shall apply without prejudice to any requirements pursuant to Directive 96/61/EC.

▼ M2

3. The application of this Directive to the airport of Gibraltar is understood to be without prejudice to the respective legal positions of the Kingdom of Spain and the United Kingdom with regard to the dispute over sovereignty over the territory in which the airport is situated.

▼ B

Article 3

Definitions

For the purposes of this Directive the following definitions shall apply:

(a) 'allowance' means an allowance to emit one tonne of carbon dioxide equivalent during a specified period, which shall be valid only for the purposes of meeting the requirements of this Directive and shall be transferable in accordance with the provisions of this Directive;

▼ M2

(b) 'emissions' means the release of greenhouse gases into the atmosphere from sources in an installation or the release from an aircraft performing an aviation activity listed in Annex I of the gases specified in respect of that activity;

▼ M4

(c) 'greenhouse gases' means the gases listed in Annex II and other gaseous constituents of the atmosphere, both natural and anthropogenic, that absorb and re – emit infrared radiation;

▼B

(d) 'greenhouse gas emissions permit' means the permit issued in accordance with Articles 5 and 6;

(e) 'installation' means a stationary technical unit where one or more activities listed in Annex I are carried out and any other directly associated activities which have a technical connection with the activities carried out on that site and which could have an effect on emissions and pollution;

(f) 'operator' means any person who operates or controls an installation or, where this is provided for in national legislation, to whom decisive economic power over the technical functioning of the installation has been delegated;

(g) 'person' means any natural or legal person;

▼M4

(h) 'new entrant' means:

—any installation carrying out one or more of the activities indicated in Annex I, which has obtained a greenhouse gas emissions permit for the first time after 30 June 2011;

—any installation carrying out an activity which is included in the Community scheme pursuant to Article 24 (1) or (2) for the first time, or

—any installation carrying out one or more of the activities indicated in Annex I or an activity which is included in the Community scheme pursuant to Article 24 (1) or (2), which has had a significant extension after 30 June 2011, only in so far as this extension is concerned;

▼B

(i) 'the public' means one or more persons and, in accordance with national legislation or practice, associations, organisations or groups of persons;

(j) 'tonne of carbon dioxide equivalent' means one metric tonne of carbon dioxide (CO_2) or an amount of any other greenhouse gas listed in Annex II with an equivalent global – warming potential;

▼M1

(k) 'Annex I Party' means a Party listed in Annex I to the United Nations

Framework Convention on Climate Change (UNFCCC) that has ratified the Kyoto Protocol as specified in Article 1 (7) of the Kyoto Protocol;

(l) ‘project activity’ means a project activity approved by one or more Annex I Parties in accordance with Article 6 or Article 12 of the Kyoto Protocol and the decisions adopted pursuant to the UNFCCC or the Kyoto Protocol;

(m) ‘emission reduction unit’ or ‘ERU’ means a unit issued pursuant to Article 6 of the Kyoto Protocol and the decisions adopted pursuant to the UNFCCC or the Kyoto Protocol;

(n) ‘certified emission reduction’ or ‘CER’ means a unit issued pursuant to Article 12 of the Kyoto Protocol and the decisions adopted pursuant to the UNFCCC or the Kyoto Protocol;

▼ M2

(o) ‘aircraft operator’ means the person who operates an aircraft at the time it performs an aviation activity listed in Annex I or, where that person is not known or is not identified by the owner of the aircraft, the owner of the aircraft;

(p) ‘commercial air transport operator’ means an operator that, for remuneration, provides scheduled or non-scheduled air transport services to the public for the carriage of passengers, freight or mail;

(q) ‘administering Member State’ means the Member State responsible for administering the Community scheme in respect of an aircraft operator in accordance with Article 18a;

(r) ‘attributed aviation emissions’ means emissions from all flights falling within the aviation activities listed in Annex I which depart from an aerodrome situated in the territory of a Member State and those which arrive in such an aerodrome from a third country;

(s) ‘historical aviation emissions’ means the mean average of the annual emissions in the calendar years 2004, 2005 and 2006 from aircraft performing an aviation activity listed in Annex I;

▼ M4

(t) ‘combustion’ means any oxidation of fuels, regardless of the way in which the heat, electrical or mechanical energy produced by this process is used, and any other directly associated activities, including waste gas scrubbing;

(u) 'electricity generator' means an installation that, on or after 1 January 2005, has produced electricity for sale to third parties, and in which no activity listed in Annex I is carried out other than the 'combustion of fuels'.

▼ M2

CHAPTER II

AVIATION

Article 3a

Scope

The provisions of this Chapter shall apply to the allocation and issue of allowances in respect of aviation activities listed in Annex I.

Article 3b

Aviation activities

By 2 August 2009, the Commission shall, in accordance with the regulatory procedure referred to in Article 23 (2), develop guidelines on the detailed interpretation of the aviation activities listed in Annex I.

Article 3c

Total quantity of allowances for aviation

1. For the period from 1 January 2012 to 31 December 2012, the total quantity of allowances to be allocated to aircraft operators shall be equivalent to 97% of the historical aviation emissions.

2. For the period referred to in ▼ M4 Article 13 (1) ▼ beginning on 1 January 2013, and, in the absence of any amendments following the review referred to in Article 30 (4), for each subsequent period, the total quantity of allowances to be allocated to aircraft operators shall be equivalent to 95% of the historical aviation emissions multiplied by the number of years in the period.

This percentage may be reviewed as part of the general review of this Directive.

3. The Commission shall review the total quantity of allowances to be allocated to aircraft operators in accordance with Article 30 (4).

4. By 2 August 2009, the Commission shall decide on the historical aviation emissions, based on best available data, including estimates based on actual traffic information. That decision shall be considered within the Committee referred to in Article 23 (1).

Article 3d

Method of allocation of allowances for aviation through auctioning

1. In the period referred to in Article 3c (1), 15% of allowances shall be auctioned.

2. From 1 January 2013, 15% of allowances shall be auctioned. This percentage may be increased as part of the general review of this Directive.

3. A Regulation shall be adopted containing detailed provisions for the auctioning by Member States of allowances not required to be issued free of charge in accordance with paragraphs 1 and 2 of this Article or Article 3f (8). The number of allowances to be auctioned in each period by each Member State shall be proportionate to its share of the total attributed aviation emissions for all Member States for the reference year reported pursuant to Article 14 (3) and verified pursuant to Article 15. For the period referred to in Article 3c (1), the reference year shall be 2010 and for each subsequent period referred to in Article 3c the reference year shall be the calendar year ending 24 months before the start of the period to which the auction relates.

That Regulation, designed to amend non – essential elements of this Directive by supplementing it, shall be adopted in accordance with the regulatory procedure with scrutiny referred to in Article 23 (3).

4. It shall be for Member States to determine the use to be made of revenues generated from the auctioning of allowances. Those revenues should be used to tackle climate change in the EU and third countries, inter alia, to reduce greenhouse gas emissions, to adapt to the impacts of climate change in the EU and third countries, especially developing countries, to fund research and develop-

ment for mitigation and adaptation, including in particular in the fields of aeronautics and air transport, to reduce emissions through low – emission transport and to cover the cost of administering the Community scheme. The proceeds of auctioning should also be used to fund contributions to the Global Energy Efficiency and Renewable Energy Fund, and measures to avoid deforestation.

Member States shall inform the Commission of actions taken pursuant to this paragraph.

5. Information provided to the Commission pursuant to this Directive does not free Member States from the notification obligation laid down in Article 88 (3) of the Treaty.

Article 3e

Allocation and issue of allowances to aircraft operators

1. For each period referred to in Article 3c, each aircraft operator may apply for an allocation of allowances that are to be allocated free of charge. An application may be made by submitting to the competent authority in the administering Member State verified tonne – kilometre data for the aviation activities listed in Annex I performed by that aircraft operator for the monitoring year. For the purposes of this Article, the monitoring year shall be the calendar year ending 24 months before the start of the period to which it relates in accordance with Annexes IV and V or, in relation to the period referred to in Article 3c (1), 2010. Any application shall be made at least 21 months before the start of the period to which it relates or, in relation to the period referred to in Article 3c (1), by 31 March 2011.

2. At least 18 months before the start of the period to which the application relates or, in relation to the period referred to in Article 3c (1), by 30 June 2011, Member States shall submit applications received under paragraph 1 to the Commission.

3. At least 15 months before the start of each period referred to in Article 3c (2) or, in relation to the period referred to in Article 3c (1), by 30 September 2011, the Commission shall calculate and adopt a decision setting out:

(a) the total quantity of allowances to be allocated for that period in accordance with Article 3c;

(b) the number of allowances to be auctioned in that period in accordance with Article 3d;

(c) the number of allowances in the special reserve for aircraft operators in that period in accordance with Article 3f (1);

(d) the number of allowances to be allocated free of charge in that period by subtracting the number of allowances referred to in points (b) and (c) from the total quantity of allowances decided upon under point (a); and

(e) the benchmark to be used to allocate allowances free of charge to aircraft operators whose applications were submitted to the Commission in accordance with paragraph 2.

The benchmark referred to in point (e), expressed as allowances per tonne – kilometre, shall be calculated by dividing the number of allowances referred to in point (d) by the sum of the tonne – kilometre data included in applications submitted to the Commission in accordance with paragraph 2.

4. Within three months from the date on which the Commission adopts a decision under paragraph 3, each administering Member State shall calculate and publish:

(a) the total allocation of allowances for the period to each aircraft operator whose application it submitted to the Commission in accordance with paragraph 2, calculated by multiplying the tonne – kilometre data included in the application by the benchmark referred to in paragraph 3 (e); and

(b) the allocation of allowances to each aircraft operator for each year, which shall be determined by dividing its total allocation of allowances for the period calculated under point (a) by the number of years in the period for which that aircraft operator is performing an aviation activity listed in Annex I.

5. By 28 February 2012 and by 28 February of each subsequent year, the competent authority of the administering Member State shall issue to each aircraft operator the number of allowances allocated to that aircraft operator for that year

under this Article or Article 3f.

Article 3f

Special reserve for certain aircraft operators

1. In each period referred to in Article 3c (2), 3% of the total quantity of allowances to be allocated shall be set aside in a special reserve for aircraft operators:

(a) who start performing an aviation activity falling within Annex I after the monitoring year for which tonne - kilometre data was submitted under Article 3e (1) in respect of a period referred to in Article 3c (2); or

(b) whose tonne - kilometre data increases by an average of more than 18% annually between the monitoring year for which tonne - kilometre data was submitted under Article 3e (1) in respect of a period referred to in Article 3c (2) and the second calendar year of that period;

1. and whose activity under point (a), or additional activity under point (b), is not in whole or in part a continuation of an aviation activity previously performed by another aircraft operator.

2. An aircraft operator who is eligible under paragraph 1 may apply for a free allocation of allowances from the special reserve by making an application to the competent authority of its administering Member State. Any application shall be made by 30 June in the third year of the period referred to in Article 3c (2) to which it relates.

An allocation to an aircraft operator under paragraph 1 (b) shall not exceed 1,000,000 allowances.

3. An application under paragraph 2 shall:

(a) include verified tonne - kilometre data in accordance with Annexes IV and V for the aviation activities listed in Annex I performed by the aircraft operator in the second calendar year of the period referred to in Article 3c (2) to which the application relates;

(b) provide evidence that the criteria for eligibility under paragraph 1 are fulfilled; and

(c) in the case of aircraft operators falling within paragraph 1 (b), state:

(i) the percentage increase in tonne – kilometres performed by that aircraft operator between the monitoring year for which tonne – kilometre data was submitted under Article 3e (1) in respect of a period referred to in Article 3c (2) and the second calendar year of that period;

(ii) the absolute growth in tonne – kilometres performed by that aircraft operator between the monitoring year for which tonne – kilometre data was submitted under Article 3e (1) in respect of a period referred to in Article 3c (2) and the second calendar year of that period; and

(iii) the absolute growth in tonne – kilometres performed by that aircraft operator between the monitoring year for which tonne – kilometre data was submitted under Article 3e (1) in respect of a period referred to in Article 3c (2) and the second calendar year of that period which exceeds the percentage specified in paragraph 1 (b).

4. No later than six months from the deadline for making an application under paragraph 2, Member States shall submit applications received under that paragraph to the Commission.

5. No later than 12 months from the deadline for making an application under paragraph 2, the Commission shall decide on the benchmark to be used to allocate allowances free of charge to aircraft operators whose applications were submitted to the Commission in accordance with paragraph 4.

Subject to paragraph 6, the benchmark shall be calculated by dividing the number of the allowances in the special reserve by the sum of:

(a) the tonne – kilometre data for aircraft operators falling within paragraph 1 (a) included in applications submitted to the Commission in accordance with paragraphs 3 (a) and 4; and

(b) the absolute growth in tonne – kilometres exceeding the percentage specified in paragraph 1 (b) for aircraft operators falling within paragraph 1 (b) included in applications submitted to the Commission in accordance with paragraphs 3 (c) (iii) and 4.

6. The benchmark referred to in paragraph 5 shall not result in an annual allocation per tonne – kilometre greater than the annual allocation per tonne – kilometre to aircraft operators under Article 3e (4) .

7. Within three months from the date on which the Commission adopts a decision under paragraph 5, each administering Member State shall calculate and publish:

(a) the allocation of allowances from the special reserve to each aircraft operator whose application it submitted to the Commission in accordance with paragraph 4. This allocation shall be calculated by multiplying the benchmark referred to in paragraph 5 by:

(i) in the case of an aircraft operator falling within paragraph 1 (a), the tonne – kilometre data included in the application submitted to the Commission under paragraphs 3 (a) and 4;

(ii) in the case of an aircraft operator falling within paragraph 1 (b), the absolute growth in tonne – kilometres exceeding the percentage specified in paragraph 1 (b) included in the application submitted to the Commission under paragraphs 3 (c) (iii) and 4; and

(b) the allocation of allowances to each aircraft operator for each year, which shall be determined by dividing its allocation of allowances under point (a) by the number of full calendar years remaining in the period referred to in Article 3c (2) to which the allocation relates.

8. Any unallocated allowances in the special reserve shall be auctioned by Member States.

9. The Commission may establish detailed rules on the operation of the special reserve under this Article, including the assessment of compliance with eligibility criteria under paragraph 1. Those measures, designed to amend non – essential elements of this Directive by supplementing it, shall be adopted in accordance with the regulatory procedure with scrutiny referred to in Article 23 (3) .

Article 3g

Monitoring and reporting plans

The administering Member State shall ensure that each aircraft operator submits to the competent authority in that Member State a monitoring plan setting out measures to monitor and report emissions and tonne – kilometre data for the purpose of an application under Article 3e and that such plans are approved by the competent authority in accordance with ►M4 the regulation referred to in Article 14 ◄.

CHAPTER III

STATIONARY INSTALLATIONS

Article 3h

Scope

The provisions of this Chapter shall apply to greenhouse gas emissions permits and the allocation and issue of allowances in respect of activities listed in Annex I other than aviation activities.

▼ M4

Article 4

Greenhouse gas emissions permits

Member States shall ensure that, from 1 January 2005, no installation carries out any activity listed in Annex I resulting in emissions specified in relation to that activity unless its operator holds a permit issued by a competent authority in accordance with Articles 5 and 6, or the installation is excluded from the Community scheme pursuant to Article 27. This shall also apply to installations opted in under Article 24.

▼ B

Article 5

Applications for greenhouse gas emissions permits

An application to the competent authority for a greenhouse gas emissions permit shall include a description of:

(a) the installation and its activities including the technology used;

(b) the raw and auxiliary materials, the use of which is likely to lead to emissions of gases listed in Annex I;

(c) the sources of emissions of gases listed in Annex I from the installation; and

▼ **M4**

(d) the measures planned to monitor and report emissions in accordance with the regulation referred to in Article 14.

▼ **B**

The application shall also include a non – technical summary of the details referred to in the first subparagraph.

Article 6

Conditions for and contents of the greenhouse gas emissions permit

1. The competent authority shall issue a greenhouse gas emissions permit granting authorisation to emit greenhouse gases from all or part of an installation if it is satisfied that the operator is capable of monitoring and reporting emissions.

A greenhouse gas emissions permit may cover one or more installations on the same site operated by the same operator.

▼ **M4**

The competent authority shall, at least every five years, review the greenhouse gas emissions permit and make any amendments as are appropriate.

▼ **B**

2. Greenhouse gas emissions permits shall contain the following:

(a) the name and address of the operator;

(b) a description of the activities and emissions from the installation;

▼ **M4**

(c) a monitoring plan that fulfils the requirements under the regulation referred to in Article 14. Member States may allow operators to update monitoring plans without changing the permit. Operators shall submit any updated monitoring plans to the competent authority for approval;

▼ B

(d) reporting requirements; and

▼ M2

(e) an obligation to surrender allowances, other than allowances issued under Chapter II, equal to the total emissions of the installation in each calendar year, as verified in accordance with Article 15, within four months following the end of that year.

▼ M4

Article 7

Changes relating to installations

The operator shall inform the competent authority of any planned changes to the nature or functioning of the installation, or any extension or significant reduction of its capacity, which may require updating the greenhouse gas emissions permit. Where appropriate, the competent authority shall update the permit. Where there is a change in the identity of the installation's operator, the competent authority shall update the permit to include the name and address of the new operator.

▼ B

Article 8

Coordination with Directive 96/61/EC

Member States shall take the necessary measures to ensure that, where installations carry out activities that are included in Annex I to Directive 96/61/EC, the conditions of, and procedure for, the issue of a greenhouse gas emissions permit are coordinated with those for the permit provided for in that Directive. The requirements of Articles 5, 6 and 7 of this Directive may be integrated into the procedures provided for in Directive 96/61/EC.

▼ M4

Article 9

Community – wide quantity of allowances

The Community – wide quantity of allowances issued each year starting in

2013 shall decrease in a linear manner beginning from the mid – point of the period from 2008 to 2012. The quantity shall decrease by a linear factor of 1, 74% compared to the average annual total quantity of allowances issued by Member States in accordance with the Commission Decisions on their national allocation plans for the period from 2008 to 2012.

The Commission shall, by 30 June 2010, publish the absolute Community – wide quantity of allowances for 2013, based on the total quantities of allowances issued or to be issued by the Member States in accordance with the Commission Decisions on their national allocation plans for the period from 2008 to 2012.

The Commission shall review the linear factor and submit a proposal, where appropriate, to the European Parliament and to the Council as from 2020, with a view to the adoption of a decision by 2025.

▼ M4

Article 9a

Adjustment of the Community – wide quantity of allowances

1. In respect of installations that were included in the Community scheme during the period from 2008 to 2012 pursuant to Article 24 (1), the quantity of allowances to be issued from 1 January 2013 shall be adjusted to reflect the average annual quantity of allowances issued in respect of those installations during the period of their inclusion, adjusted by the linear factor referred to in Article 9.

2. In respect of installations carrying out activities listed in Annex I, which are only included in the Community scheme from 2013 onwards, Member States shall ensure that the operators of such installations submit to the relevant competent authority duly substantiated and independently verified emissions data in order for them to be taken into account for the adjustment of the Community – wide quantity of allowances to be issued.

2. Any such data shall be submitted, by 30 April 2010, to the relevant competent authority in accordance with the provisions adopted pursuant to Article 14 (1).

2. If the data submitted are duly substantiated, the competent authority shall

notify the Commission thereof by 30 June 2010 and the quantity of allowances to be issued, adjusted by the linear factor referred to in Article 9, shall be adjusted accordingly. In the case of installations emitting greenhouse gases other than CO_2, the competent authority may notify a lower amount of emissions according to the emission reduction potential of those installations.

3. The Commission shall publish the adjusted quantities referred to in paragraphs 1 and 2 by 30 September 2010.

4. In respect of installations which are excluded from the Community scheme in accordance with Article 27, the Community – wide quantity of allowances to be issued from 1 January 2013 shall be adjusted downwards to reflect the average annual verified emissions of those installations in the period from 2008 to 2010, adjusted by the linear factor referred to in Article 9.

▼ M4

Article 10

Auctioning of allowances

1. From 2013 onwards, Member States shall auction all allowances which are not allocated free of charge in accordance with Article 10a and 10c. By 31 December 2010, the Commission shall determine and publish the estimated amount of allowances to be auctioned.

2. The total quantity of allowances to be auctioned by each Member State shall be composed as follows:

(a) 88% of the total quantity of allowances to be auctioned being distributed amongst Member States in shares that are identical to the share of verified emissions under the Community scheme for 2005 or the average of the period from 2005 to 2007, whichever one is the highest, of the Member State concerned;

(b) 10% of the total quantity of allowances to be auctioned being distributed amongst certain Member States for the purpose of solidarity and growth within the Community, thereby increasing the amount of allowances that those Member States auction under point (a) by the percentages specified in Annex IIa; and

(c) 2% of the total quantity of allowances to be auctioned being distributed amongst Member States the greenhouse gas emissions of which were, in 2005, at least 20% below their emissions in the base year applicable to them under the Kyoto Protocol. The distribution of this percentage amongst the Member States concerned is set out in Annex IIb.

2. For the purposes of point (a), in respect of Member States which did not participate in the Community scheme in 2005, their share shall be calculated using their verified emissions under the Community scheme in 2007.

2. If necessary, the percentages referred to in points (b) and (c) shall be adapted in a proportional manner to ensure that the distribution is 10% and 2% respectively.

3. Member States shall determine the use of revenues generated from the auctioning of allowances. At least 50% of the revenues generated from the auctioning of allowances referred to in paragraph 2, including all revenues from the auctioning referred to in paragraph 2, points (b) and (c), or the equivalent in financial value of these revenues, should be used for one or more of the following:

(a) to reduce greenhouse gas emissions, including by contributing to the Global Energy Efficiency and Renewable Energy Fund and to the Adaptation Fund as made operational by the Poznan Conference on Climate Change (COP 14 and COP/MOP 4), to adapt to the impacts of climate change and to fund research and development as well as demonstration projects for reducing emissions and for adaptation to climate change, including participation in initiatives within the framework of the European Strategic Energy Technology Plan and the European Technology Platforms;

(b) to develop renewable energies to meet the commitment of the Community to using 20% renewable energies by 2020, as well as to develop other technologies contributing to the transition to a safe and sustainable low – carbon economy and to help meet the commitment of the Community to increase energy efficiency by 20% by 2020;

(c) measures to avoid deforestation and increase afforestation and reforestation in developing countries that have ratified the international agreement on climate change, to transfer technologies and to facilitate adaptation to the adverse effects of climate change in these countries;

(d) forestry sequestration in the Community;

(e) the environmentally safe capture and geological storage of CO_2, in particular from solid fossil fuel power stations and a range of industrial sectors and subsectors, including in third countries;

(f) to encourage a shift to low – emission and public forms of transport;

(g) to finance research and development in energy efficiency and clean technologies in the sectors covered by this Directive;

(h) measures intended to increase energy efficiency and insulation or to provide financial support in order to address social aspects in lower and middle income households;

(i) to cover administrative expenses of the management of the Community scheme.

3. Member States shall be deemed to have fulfilled the provisions of this paragraph if they have in place and implement fiscal or financial support policies, including in particular in developing countries, or domestic regulatory policies, which leverage financial support, established for the purposes set out in the first subparagraph and which have a value equivalent to at least 50% of the revenues generated from the auctioning of allowances referred to in paragraph 2, including all revenues from the auctioning referred to in paragraph 2, points (b) and (c).

3. Member States shall inform the Commission as to the use of revenues and the actions taken pursuant to this paragraph in their reports submitted under Decision No 280/2004/EC.

4. By 30 June 2010, the Commission shall adopt a regulation on timing, administration and other aspects of auctioning to ensure that it is conducted in an open, transparent, harmonised and non – discriminatory manner. To this end, the process should be predictable, in particular as regards the timing and sequen-

cing of auctions and the estimated volumes of allowances to be made available.

Auctions shall be designed to ensure that:

(a) operators, and in particular any SMEs covered by the Community scheme, have full, fair and equitable access;

(b) all participants have access to the same information at the same time and that participants do not undermine the operation of the auction;

(c) the organisation and participation in auctions is cost - efficient and undue administrative costs are avoided; and

(d) access to allowances is granted for small emitters.

4. That measure, designed to amend non - essential elements of this Directive by supplementing it, shall be adopted in accordance with the regulatory procedure with scrutiny referred to in Article 23 (3) .

4. Member States shall report on the proper implementation of the auctioning rules for each auction, in particular with respect to fair and open access, transparency, price formation and technical and operational aspects. These reports shall be submitted within one month of the auction concerned and shall be published on the Commission's website.

5. The Commission shall monitor the functioning of the European carbon market. Each year, it shall submit a report to the European Parliament and to the Council on the functioning of the carbon market including the implementation of the auctions, liquidity and the volumes traded. If necessary, Member States shall ensure that any relevant information is submitted to the Commission at least two months before the Commission adopts the report.

▼ M4

Article 10a

Transitional Community - wide rules for harmonised free allocation

1. By 31 December 2010, the Commission shall adopt Community - wide and fully - harmonised implementing measures for the allocation of the allowances referred to in paragraphs 4, 5, 7 and 12, including any necessary provisions for a harmonised application of paragraph 19.

1. Those measures, designed to amend non – essential elements of this Directive by supplementing it, shall be adopted in accordance with the regulatory procedure with scrutiny referred to in Article 23 (3).

1. The measures referred to in the first subparagraph shall, to the extent feasible, determine Community – wide ex – ante benchmarks so as to ensure that allocation takes place in a manner that provides incentives for reductions in greenhouse gas emissions and energy efficient techniques, by taking account of the most efficient techniques, substitutes, alternative production processes, high efficiency cogeneration, efficient energy recovery of waste gases, use of biomass and capture and storage of CO_2, where such facilities are available, and shall not provide incentives to increase emissions. No free allocation shall be made in respect of any electricity production, except for cases falling within Article 10c and electricity produced from waste gases.

1. For each sector and subsector, in principle, the benchmark shall be calculated for products rather than for inputs, in order to maximise greenhouse gas emissions reductions and energy efficiency savings throughout each production process of the sector or the subsector concerned.

1. In defining the principles for setting ex – ante benchmarks in individual sectors and subsectors, the Commission shall consult the relevant stakeholders, including the sectors and subsectors concerned.

1. The Commission shall, upon the approval by the Community of an international agreement on climate change leading to mandatory reductions of greenhouse gas emissions comparable to those of the Community, review those measures to provide that free allocation is only to take place where this is fully justified in the light of that agreement.

2. In defining the principles for setting ex – ante benchmarks in individual sectors or subsectors, the starting point shall be the average performance of the 10% most efficient installations in a sector or subsector in the Community in the years 2007 – 2008. The Commission shall consult the relevant stakeholders, including the sectors and subsectors concerned.

2. The regulations pursuant to Articles 14 and 15 shall provide for harmonised rules on monitoring, reporting and verification of production – related greenhouse gas emissions with a view to determining the ex – ante benchmarks.

3. Subject to paragraphs 4 and 8, and notwithstanding Article 10c, no free allocation shall be given to electricity generators, to installations for the capture of CO_2, to pipelines for transport of CO_2 or to CO_2 storage sites.

4. Free allocation shall be given to district heating as well as to high efficiency cogeneration, as defined by Directive 2004/8/EC, for economically justifiable demand, in respect of the production of heating or cooling. In each year subsequent to 2013, the total allocation to such installations in respect of the production of that heat shall be adjusted by the linear factor referred to in Article 9.

5. The maximum annual amount of allowances that is the basis for calculating allocations to installations which are not covered by paragraph 3 and are not new entrants shall not exceed the sum of:

(a) the annual Community – wide total quantity, as determined pursuant to Article 9, multiplied by the share of emissions from installations not covered by paragraph 3 in the total average verified emissions, in the period from 2005 to 2007, from installations covered by the Community scheme in the period from 2008 to 2012; and

(b) the total average annual verified emissions from installations in the period from 2005 to 2007 which are only included in the Community scheme from 2013 onwards and are not covered by paragraph 3, adjusted by the linear factor, as referred to in Article 9.

5. A uniform cross – sectoral correction factor shall be applied if necessary.

6. Member States may also adopt financial measures in favour of sectors or subsectors determined to be exposed to a significant risk of carbon leakage due to costs relating to greenhouse gas emissions passed on in electricity prices, in order to compensate for those costs and where such financial measures are in accordance with state aid rules applicable and to be adopted in this area.

6. Those measures shall be based on ex – ante benchmarks of the indirect e-

missions of CO_2 per unit of production. The ex – ante benchmarks shall be calculated for a given sector or subsector as the product of the electricity consumption per unit of production corresponding to the most efficient available technologies and of the CO_2 emissions of the relevant European electricity production mix.

7. Five percent of the Community – wide quantity of allowances determined in accordance with Articles 9 and 9a over the period from 2013 to 2020 shall be set aside for new entrants, as the maximum that may be allocated to new entrants in accordance with the rules adopted pursuant to paragraph 1 of this Article. Allowances in this Community – wide reserve that are neither allocated to new entrants nor used pursuant to paragraph 8, 9 or 10 of this Article over the period from 2013 to 2020 shall be auctioned by the Member States, taking into account the level to which installations in Member States have benefited from this reserve, in accordance with Article 10 (2) and, for detailed arrangements and timing, Article 10 (4), and the relevant implementing provisions.

7. Allocations shall be adjusted by the linear factor referred to in Article 9.

7. No free allocation shall be made in respect of any electricity production by new entrants.

7. By 31 December 2010, the Commission shall adopt harmonised rules for the application of the definition of 'new entrant', in particular in relation to the definition of 'significant extensions'.

7. Those measures, designed to amend non – essential elements of this Directive by supplementing it, shall be adopted in accordance with the regulatory procedure with scrutiny referred to in Article 23 (3).

8. Up to 300 million allowances in the new entrants' reserve shall be available until 31 December 2015 to help stimulate the construction and operation of up to 12 commercial demonstration projects that aim at the environmentally safe capture and geological storage (CCS) of CO_2 as well as demonstration projects of innovative renewable energy technologies, in the territory of the Union.

8. The allowances shall be made available for support for demonstration projects that provide for the development, in geographically balanced locations, of a

wide range of CCS and innovative renewable energy technologies that are not yet commercially viable. Their award shall be dependent upon the verified avoidance of CO_2 emissions.

8. Projects shall be selected on the basis of objective and transparent criteria that include requirements for knowledge – sharing. Those criteria and the measures shall be adopted in accordance with the regulatory procedure with scrutiny referred to in Article 23 (3), and shall be made available to the public.

8. Allowances shall be set aside for the projects that meet the criteria referred to in the third subparagraph. Support for these projects shall be given via Member States and shall be complementary to substantial co – financing by the operator of the installation. They could also be co – financed by the Member State concerned, as well as by other instruments. No project shall receive support via the mechanism under this paragraph that exceeds 15% of the total number of allowances available for this purpose. These allowances shall be taken into account under paragraph 7.

9. Lithuania, which, pursuant to Article 1 of Protocol No 4 on the Ignalina nuclear power plant in Lithuania, annexed to the 2003 Act of Accession, has committed to the closure of unit 2 of the Ignalina Nuclear Power Plant by 31 December 2009, may, if the total verified emissions of Lithuania in the period from 2013 to 2015 within the Community scheme exceed the sum of the free allowances issued to installations in Lithuania for electricity production emissions in that period and three – eighths of the allowances to be auctioned by Lithuania for the period from 2013 to 2020, claim allowances from the new entrants reserve for auctioning in accordance with the regulation referred to in Article 10 (4). The maximum amount of such allowances shall be equivalent to the excess emissions in that period to the extent that this excess is due to increased emissions from electricity generation, minus any quantity by which allocations in that Member State in the period from 2008 to 2012 exceeded verified emissions within the Community scheme in Lithuania during that period. Any such allowances shall be taken into account under paragraph 7.

10. Any Member State with an electricity network which is interconnected with Lithuania and which, in 2007, imported more than 15% of its domestic electricity consumption from Lithuania for its own consumption, and where emissions have increased due to investment in new electricity generation, may apply paragraph 9 mutatis mutandis under the conditions set out in that paragraph.

11. Subject to Article 10b, the amount of allowances allocated free of charge under paragraphs 4 to 7 of this Article in 2013 shall be 80% of the quantity determined in accordance with the measures referred to in paragraph 1. Thereafter the free allocation shall decrease each year by equal amounts resulting in 30% free allocation in 2020, with a view to reaching no free allocation in 2027.

12. Subject to Article 10b, in 2013 and in each subsequent year up to 2020, installations in sectors or subsectors which are exposed to a significant risk of carbon leakage shall be allocated, pursuant to paragraph 1, allowances free of charge at 100% of the quantity determined in accordance with the measures referred to in paragraph 1.

13. By 31 December 2009 and every five years thereafter, after discussion in the European Council, the Commission shall determine a list of the sectors or subsectors referred to in paragraph 12 on the basis of the criteria referred to in paragraphs 14 to 17.

13. Every year the Commission may, at its own initiative or at the request of a Member State, add a sector or subsector to the list referred to in the first subparagraph if it can be demonstrated, in an analytical report, that this sector or subsector satisfies the criteria in paragraphs 14 to 17, following a change that has a substantial impact on the sector's or subsector's activities.

13. For the purpose of implementing this Article, the Commission shall consult the Member States, the sectors or subsectors concerned and other relevant stakeholders.

13. Those measures, designed to amend non – essential elements of this Directive by supplementing it, shall be adopted in accordance with the regulatory procedure with scrutiny referred to in Article 23 (3).

14. In order to determine the sectors or subsectors referred to in paragraph 12, the Commission shall assess, at Community level, the extent to which it is possible for the sector or subsector concerned, at the relevant level of disaggregation, to pass on the direct cost of the required allowances and the indirect costs from higher electricity prices resulting from the implementation of this Directive into product prices without significant loss of market share to less carbon efficient installations outside the Community. These assessments shall be based on an average carbon price according to the Commission's impact assessment accompanying the package of implementation measures for the EU's objectives on climate change and renewable energy for 2020 and, if available, trade, production and value added data from the three most recent years for each sector or subsector.

15. A sector or subsector shall be deemed to be exposed to a significant risk of carbon leakage if:

(a) the sum of direct and indirect additional costs induced by the implementation of this Directive would lead to a substantial increase of production costs, calculated as a proportion of the gross value added, of at least 5%; and

(b) the intensity of trade with third countries, defined as the ratio between the total value of exports to third countries plus the value of imports from third countries and the total market size for the Community (annual turnover plus total imports from third countries), is above 10%.

16. Notwithstanding paragraph 15, a sector or subsector is also deemed to be exposed to a significant risk of carbon leakage if:

(a) the sum of direct and indirect additional costs induced by the implementation of this Directive would lead to a particularly high increase of production costs, calculated as a proportion of the gross value added, of at least 30%; or

(b) the intensity of trade with third countries, defined as the ratio between the total value of exports to third countries plus the value of imports from third countries and the total market size for the Community (annual turnover plus total imports from third countries), is above 30%.

17. The list referred to in paragraph 13 may be supplemented after comple-

tion of a qualitative assessment, taking into account, where the relevant data are available, the following criteria:

(a) the extent to which it is possible for individual installations in the sector or subsector concerned to reduce emission levels or electricity consumption, including, as appropriate, the increase in production costs that the related investment may entail, for instance on the basis of the most efficient techniques;

(b) current and projected market characteristics, including when trade exposure or direct and indirect cost increase rates are close to one of the thresholds mentioned in paragraph 16;

(c) profit margins as a potential indicator of long – run investment or relocation decisions.

18. The list referred to in paragraph 13 shall be determined after taking into account, where the relevant data are available, the following:

(a) the extent to which third countries, representing a decisive share of global production of products in sectors or subsectors deemed to be at risk of carbon leakage, firmly commit to reducing greenhouse gas emissions in the relevant sectors or subsectors to an extent comparable to that of the Community and within the same time – frame; and

(b) the extent to which the carbon efficiency of installations located in these countries is comparable to that of the Community.

19. No free allocation shall be given to an installation that has ceased its operations, unless the operator demonstrates to the competent authority that this installation will resume production within a specified and reasonable time. Installations for which the greenhouse gas emissions permit has expired or has been withdrawn and installations for which the operation or resumption of operation is technically impossible shall be considered to have ceased operations.

20. The Commission shall, as part of the measures adopted under paragraph 1, include measures for defining installations that partially cease to operate or significantly reduce their capacity, and measures for adapting, as appropriate, the level of free allocations given to them accordingly.

Article 10b

Measures to support certain energy – intensive industries in the event of carbon leakage

1. By 30 June 2010, the Commission shall, in the light of the outcome of the international negotiations and the extent to which these lead to global greenhouse gas emission reductions, and after consulting with all relevant social partners, submit to the European Parliament and to the Council an analytical report assessing the situation with regard to energy – intensive sectors or subsectors that have been determined to be exposed to significant risks of carbon leakage. This shall be accompanied by any appropriate proposals, which may include:

(a) adjustment of the proportion of allowances received free of charge by those sectors or subsectors under Article 10a;

(b) inclusion in the Community scheme of importers of products which are produced by the sectors or subsectors determined in accordance with Article 10a;

(c) assessment of the impact of carbon leakage on Member States' energy security, in particular where the electricity connections with the rest of the Union are insufficient and where there are electricity connections with third countries, and appropriate measures in this regard.

1. Any binding sectoral agreements which lead to global greenhouse gas emissions reductions of the magnitude required to effectively address climate change, and which are monitorable, verifiable and subject to mandatory enforcement arrangements shall also be taken into account when considering what measures are appropriate.

2. The Commission shall assess, by 31 March 2011, whether the decisions made regarding the proportion of allowances received free of charge by sectors or subsectors in accordance with paragraph 1, including the effect of setting ex – ante benchmarks in accordance with Article 10a (2), are likely to significantly affect the quantity of allowances to be auctioned by Member States in accordance with Article 10 (2) (b), compared to a scenario with full auctioning for all sectors in 2020. It shall, if appropriate, submit adequate proposals to the European

Parliament and to the Council, taking into account the possible distributional effects of such proposals.

Article 10c

Option for transitional free allocation for the modernisation of electricity generation

1. By derogation from Article 10a (1) to (5), Member States may give a transitional free allocation to installations for electricity production in operation by 31 December 2008 or to installations for electricity production for which the investment process was physically initiated by the same date, provided that one of the following conditions is met:

(a) in 2007, the national electricity network was not directly or indirectly connected to the network interconnected system operated by the Union for the Co-ordination of Transmission of Electricity (UCTE);

(b) in 2007, the national electricity network was only directly or indirectly connected to the network operated by UCTE through a single line with a capacity of less than 400 MW; or

(c) in 2006, more than 30% of electricity was produced from a single fossil fuel, and the GDP per capita at market price did not exceed 50% of the average GDP per capita at market price of the Community.

1. The Member State concerned shall submit to the Commission a national plan that provides for investments in retrofitting and upgrading of the infrastructure and clean technologies. The national plan shall also provide for the diversification of their energy mix and sources of supply for an amount equivalent, to the extent possible, to the market value of the free allocation with respect to the intended investments, while taking into account the need to limit as far as possible directly linked price increases. The Member State concerned shall submit to the Commission, every year, a report on investments made in upgrading infrastructure and clean technologies. Investment undertaken from 25 June 2009 may be counted for this purpose.

2. Transitional free allocations shall be deducted from the quantity of allow-

ances that the respective Member State would otherwise auction pursuant to Article 10 (2) . In 2013, the total transitional free allocation shall not exceed 70% of the annual average verified emissions in 2005 – 2007 from such electricity generators for the amount corresponding to the gross final national consumption of the Member State concerned and shall gradually decrease, resulting in no free allocation in 2020. For those Member States which did not participate in the Community scheme in 2005, the relevant emissions shall be calculated using their verified Community scheme emissions under the Community scheme in 2007.

2. The Member State concerned may determine that the allowances allocated pursuant to this Article may only be used by the operator of the installation concerned for surrendering allowances pursuant to Article 12 (3) with respect to emissions of the same installation during the year for which the allowances are allocated.

3. Allocations to operators shall be based on the allocation under the verified emissions in 2005 – 2007 or an ex – ante efficiency benchmark based on the weighted average of emission levels of most greenhouse gas efficient electricity production covered by the Community scheme for installations using different fuels. The weighting may reflect the shares of the different fuels in electricity production in the Member State concerned. The Commission shall, in accordance with the regulatory procedure referred to in Article 23 (2), provide guidance to ensure that the allocation methodology avoids undue distortions of competition and minimises negative impacts on the incentives to reduce emissions.

4. Any Member State applying this Article shall require benefiting electricity generators and network operators to report every 12 months on the implementation of their investments referred to in the national plan. Member States shall report on this to the Commission and shall make such reports public.

5. Any Member State that intends to allocate allowances on the basis of this Article shall, by 30 September 2011, submit to the Commission an application containing the proposed allocation methodology and individual allocations. An application shall contain:

(a) evidence that the Member State meets at least one of the conditions set out in paragraph 1;

(b) a list of the installations covered by the application and the amount of allowances to be allocated to each installation in accordance with paragraph 3 and the Commission guidance;

(c) the national plan referred to in the second subparagraph of paragraph 1;

(d) monitoring and enforcement provisions with respect to the intended investments pursuant to the national plan;

(e) information showing that the allocations do not create undue distortions of competition.

6. The Commission shall assess the application taking into account the elements set out in paragraph 5 and may reject the application, or any aspect thereof, within six months of receiving the relevant information.

7. Two years before the end of the period during which a Member State may give transitional free allocation to installations for electricity production in operation by 31 December 2008, the Commission shall assess the progress made in the implementation of the national plan. If the Commission considers, on request of the Member State concerned, that there is a need for a possible extension of that period, it may submit to the European Parliament and to the Council appropriate proposals, including the conditions that would have to be met in the case of an extension of that period.

▼ M4

Article 11

National implementation measures

1. Each Member State shall publish and submit to the Commission, by 30 September 2011, the list of installations covered by this Directive in its territory and any free allocation to each installation in its territory calculated in accordance with the rules referred to in Article 10a (1) and Article 10c.

2. By 28 February of each year, the competent authorities shall issue the quantity of allowances that are to be allocated for that year, calculated in accord-

ance with Articles 10, 10a and 10c.

3. Member States may not issue allowances free of charge under paragraph 2 to installations whose inscription in the list referred to in paragraph 1 has been rejected by the Commission.

▼ M2

CHAPTER IV

PROVISIONS APPLYING TO AVIATION AND STATIONARY INSTALLATIONS

▼ M4

Article 11a

Use of CERs and ERUs from project activities in the Community scheme before the entry into force of an international agreement on climate change

1. Without prejudice to the application of Article 28 (3) and (4), paragraphs 2 to 7 of this Article shall apply.

2. To the extent that the levels of CER and ERU use, allowed to operators or aircraft operators by Member States for the period from 2008 to 2012, have not been used up or an entitlement to use credits is granted under paragraph 8, operators may request the competent authority to issue allowances to them valid from 2013 onwards in exchange for CERs and ERUs issued in respect of emission reductions up until 2012 from project types which were eligible for use in the Community scheme during the period from 2008 to 2012.

2. Until 31 March 2015, the competent authority shall make such an exchange on request.

3. To the extent that the levels of CER and ERU use, allowed to operators or aircraft operators by Member States for the period from 2008 to 2012, have not been used up or an entitlement to use credits is granted under paragraph 8, competent authorities shall allow operators to exchange CERs and ERUs from projects that were registered before 2013 issued in respect of emission reductions from

2013 onwards for allowances valid from 2013 onwards.

3. The first subparagraph shall apply to CERs and ERUs for all project types which were eligible for use in the Community scheme during the period from 2008 to 2012.

4. To the extent that the levels of CER and ERU use, allowed to operators or aircraft operators by Member States for the period from 2008 to 2012, have not been used up or an entitlement to use credits is granted under paragraph 8, competent authorities shall allow operators to exchange CERs issued in respect of emission reductions from 2013 onwards for allowances from new projects started from 2013 onwards in LDCs.

4. The first subparagraph shall apply to CERs for all project types which were eligible for use in the Community scheme during the period from 2008 to 2012, until those countries have ratified a relevant agreement with the Community or until 2020, whichever is the earlier.

5. To the extent that the levels of CER and ERU use, allowed to operators or aircraft operators by Member States for the period from 2008 to 2012, have not been used up or an entitlement to use credits is granted under paragraph 8 and in the event that the negotiations on an international agreement on climate change are not concluded by 31 December 2009, credits from projects or other emission reducing activities may be used in the Community scheme in accordance with agreements concluded with third countries, specifying levels of use. In accordance with such agreements, operators shall be able to use credits from project activities in those third countries to comply with their obligations under the Community scheme.

6. Any agreements referred to in paragraph 5 shall provide for the use of credits in the Community scheme from project types which were eligible for use in the Community scheme during the period from 2008 to 2012, including renewable energy or energy efficiency technologies which promote technological transfer and sustainable development. Any such agreement may also provide for the use of credits from projects where the baseline used is below the level of free allocation

under the measures referred to in Article 10a or below the levels required by Community legislation.

7. Once an international agreement on climate change has been reached, only credits from projects from third countries which have ratified that agreement shall be accepted in the Community scheme from 1 January 2013.

8. All existing operators shall be allowed to use credits during the period from 2008 to 2020 up to either the amount allowed to them during the period from 2008 to 2012, or to an amount corresponding to a percentage, which shall not be set below 11%, of their allocation during the period from 2008 to 2012, whichever is the highest.

8. Operators shall be able to use credits beyond the 11% provided for in the first subparagraph, up to an amount which results in their combined free allocation in the period from 2008 to 2012 and overall project credits entitlement equal to a certain percentage of their verified emissions in the period from 2005 to 2007.

8. New entrants, including new entrants in the period from 2008 to 2012 which received neither free allocation nor an entitlement to use CERs and ERUs in the period from 2008 – 2012, and new sectors shall be able to use credits up to an amount corresponding to a percentage, which shall not be set below 4. 5%, of their verified emissions during the period from 2013 to 2020. Aircraft operators shall be able to use credits up to an amount corresponding to a percentage, which shall not be set below 1. 5%, of their verified emissions during the period from 2013 to 2020.

8. Measures shall be adopted to specify the exact percentages which shall apply under the first, second and third subparagraphs. At least one – third of the additional amount which is to be distributed to existing operators beyond the first percentage referred to in the first subparagraph shall be distributed to the operators which had the lowest level of combined average free allocation and project credit use in the period from 2008 to 2012.

8. Those measures shall ensure that the overall use of credits allowed does not exceed 50% of the Community – wide reductions below the 2005 levels of the

existing sectors under the Community scheme over the period from 2008 to 2020 and 50% of the Community – wide reductions below the 2005 levels of new sectors and aviation over the period from the date of their inclusion in the Community scheme to 2020.

8. Those measures, designed to amend non – essential elements of this Directive by supplementing it, shall be adopted in accordance with the regulatory procedure with scrutiny referred to in Article 23 (3) .

9. From 1 January 2013, measures may be applied to restrict the use of specific credits from project types.

9. Those measures shall also set the date from which the use of credits under paragraphs 1 to 4 shall be in accordance with these measures. That date shall be, at the earliest, six months from the adoption of the measures or, at the latest, three years from their adoption.

9. Those measures, designed to amend non – essential elements of this Directive by supplementing it, shall be adopted in accordance with the regulatory procedure with scrutiny referred to in Article 23 (3) . The Commission shall consider submitting to the Committee a draft of the measures to be taken where a Member State so requests.

▼ M1

Article 11b

Project activities

1. Member States shall take all necessary measures to ensure that baselines for project activities, as defined by subsequent decisions adopted under the UNFCCC or the Kyoto Protocol, undertaken in countries having signed a Treaty of Accession with the Union fully comply with the *acquis communautaire*, including the temporary derogations set out in that Treaty of Accession.

▼ M4

The Community and its Member States shall only authorise project activities where all project participants have headquarters either in a country that has concluded the international agreement relating to such projects or in a country or sub

– federal or regional entity which is linked to the Community scheme pursuant to Article 25.

▼ M1

2. Except as provided for in paragraphs 3 and 4, Member States hosting project activities shall ensure that no ERUs or CERs are issued for reductions or limitations of greenhouse gas emissions from ► M2 activities ◄ falling within the scope of this Directive.

3. Until 31 December 2012, for JI and CDM project activities which reduce or limit directly the emissions of an installation falling within the scope of this Directive, ERUs and CERs may be issued only if an equal number of allowances is cancelled by the operator of that installation.

4. Until 31 December 2012, for JI and CDM project activities which reduce or limit indirectly the emission level of installations falling within the scope of this Directive, ERUs and CERs may be issued only if an equal number of allowances is cancelled from the national registry of the Member State of the ERUs' or CERs' origin.

5. A Member State that authorises private or public entities to participate in project activities shall remain responsible for the fulfilment of its obligations under the UNFCCC and the Kyoto Protocol and shall ensure that such participation is consistent with the relevant guidelines, modalities and procedures adopted pursuant to the UNFCCC or the Kyoto Protocol.

6. In the case of hydroelectric power production project activities with a generating capacity exceeding 20 MW, Member States shall, when approving such project activities, ensure that relevant international criteria and guidelines, including those contained in the World Commission on Dams November 2000 Report 'Dams and Development – A New Framework for Decision – Making', will be respected during the development of such project activities.

▼ M3

7. Provisions for the implementation of paragraphs 3 and 4, particularly in respect of the avoidance of double counting, shall be adopted by the Commission

in accordance with the regulatory procedure referred to in Article 23 (2) . The Commission shall adopt provisions for the implementation of paragraph 5 of this Article where the host party meets all eligibility requirements for JI project activities. Those measures, designed to amend non – essential elements of this Directive, by supplementing it, shall be adopted in accordance with the regulatory procedure with scrutiny referred to in Article 23 (3) .

▼B

Article 12

Transfer, surrender and cancellation of allowances

1. Member States shall ensure that allowances can be transferred between:

(a) persons within the Community;

(b) persons within the Community and persons in third countries, where such allowances are recognised in accordance with the procedure referred to in Article 25 without restrictions other than those contained in, or adopted pursuant to, this Directive.

▼M4

1a. The Commission shall, by 31 December 2010, examine whether the market for emissions allowances is sufficiently protected from insider dealing or market manipulation and, if appropriate, shall bring forward proposals to ensure such protection. The relevant provisions of Directive 2003/6/EC of the European Parliament and of the Council of 28 January 2003 on insider dealing and market manipulation (market abuse)[①] may be used with any appropriate adjustments needed to apply them to trade in commodities.

▼B

2. Member States shall ensure that allowances issued by a competent authority of another Member State are recognised for the purpose ►M2 of meeting an aircraft operator's obligations under paragraph 2a or◄ of meeting an operator's obligations under paragraph 3.

---

① OJ L 96, 12. 4. 2003, p. 16.

▼ M2

2a. Administering Member States shall ensure that, by 30 April each year, each aircraft operator surrenders a number of allowances equal to the total emissions during the preceding calendar year from aviation activities listed in Annex I for which it is the aircraft operator, as verified in accordance with Article 15. Member States shall ensure that allowances surrendered in accordance with this paragraph are subsequently cancelled.

▼ M2

3. Member States shall ensure that, by 30 April each year, the operator of each installation surrenders a number of allowances, other than allowances issued under Chapter II, equal to the total emissions from that installation during the preceding calendar year as verified in accordance with Article 15, and that these are subsequently cancelled.

▼ M4

3a. An obligation to surrender allowances shall not arise in respect of emissions verified as captured and transported for permanent storage to a facility for which a permit is in force in accordance with Directive 2009/31/EC of the European Parliament and of the Council of 23 April 2009 on the geological storage of carbon dioxide①.

▼ B

4. Member States shall take the necessary steps to ensure that allowances will be cancelled at any time at the request of the person holding them.

▼ M4

5. Paragraphs 1 and 2 apply without prejudice to Article 10c.

---

① OJ L 140, 5. 6. 2009, p. 114.

▼ **M4**

Article 13

Validity of allowances

1. Allowances issued from 1 January 2013 onwards shall be valid for emissions during periods of eight years beginning on 1 January 2013.

2. Four months after the beginning of each period referred to in paragraph 1, allowances which are no longer valid and have not been surrendered and cancelled in accordance with Article 12 shall be cancelled by the competent authority.

2. Member States shall issue allowances to persons for the current period to replace any allowances held by them which are cancelled in accordance with the first subparagraph.

Article 14

Monitoring and reporting of emissions

1. By 31 December 2011, the Commission shall adopt a regulation for the monitoring and reporting of emissions and, where relevant, activity data, from the activities listed in Annex I, for the monitoring and reporting of tonne – kilometre data for the purpose of an application under Articles 3e or 3f, which shall be based on the principles for monitoring and reporting set out in Annex IV and shall specify the global warming potential of each greenhouse gas in the requirements for monitoring and reporting emissions for that gas.

1. That measure, designed to amend non – essential elements of this Directive by supplementing it, shall be adopted in accordance with the regulatory procedure with scrutiny referred to in Article 23 (3).

2. The regulation referred to in paragraph 1 shall take into account the most accurate and up – to – date scientific evidence available, in particular from the IPCC, and may also specify requirements for operators to report on emissions associated with the production of goods produced by energy intensive industries which may be subject to international competition. That regulation may also specify requirements for this information to be verified independently.

2. Those requirements may include reporting on levels of emissions from electricity generation covered by the Community scheme associated with the production of such goods.

3. Member States shall ensure that each operator of an installation or an aircraft operator monitors and reports the emissions from that installation during each calendar year, or, from 1 January 2010, the aircraft which it operates, to the competent authority after the end of that year in accordance with the regulation referred to in paragraph 1.

4. The regulation referred to in paragraph 1 may include requirements on the use of automated systems and data exchange formats to harmonise communication on the monitoring plan, the annual emission report and the verification activities between the operator, the verifier and competent authorities.

▼ M2

Article 15

►M4 Verification and accreditation◄

Member States shall ensure that the reports submitted by operators and aircraft operators pursuant to Article 14 (3) are verified in accordance with the criteria set out in Annex V and any detailed provisions adopted by the Commission in accordance with this Article, and that the competent authority is informed thereof.

Member States shall ensure that an operator or aircraft operator whose report has not been verified as satisfactory in accordance with the criteria set out in Annex V and any detailed provisions adopted by the Commission in accordance with this Article by 31 March each year for emissions during the preceding year cannot make further transfers of allowances until a report from that operator or aircraft operator has been verified as satisfactory.

The Commission may adopt detailed provisions for the verification of reports submitted by aircraft operators pursuant to Article 14 (3) and applications under Articles 3e and 3f, including the verification procedures to be used by verifiers, in accordance with the regulatory procedure referred to in Article 23 (2).

▼ M4

By 31 December 2011, the Commission shall adopt a regulation for the verification of emission reports based on the principles set out in Annex V and for the accreditation and supervision of verifiers. It shall specify conditions for the accreditation and withdrawal of accreditation, for mutual recognition and peer evaluation of accreditation bodies, as appropriate.

That measure, designed to amend non – essential elements of this Directive by supplementing it, shall be adopted in accordance with the regulatory procedure with scrutiny referred to in Article 23 (3) .

Article 15a

Disclosure of information and professional secrecy

Member States and the Commission shall ensure that all decisions and reports relating to the quantity and allocation of allowances and to the monitoring, reporting and verification of emissions are immediately disclosed in an orderly manner ensuring non – discriminatory access.

Information covered by professional secrecy may not be disclosed to any other person or authority except by virtue of the applicable laws, regulations or administrative provisions.

▼ B

Article 16

Penalties

1. Member States shall lay down the rules on penalties applicable to infringements of the national provisions adopted pursuant to this Directive and shall take all measures necessary to ensure that such rules are implemented. The penalties provided for must be effective, proportionate and dissuasive. Member States shall notify these provisions to the Commission ►M2—31 December 2003— ◄ and shall notify it without delay of any subsequent amendment affecting them.

▼ M2

2. Member States shall ensure publication of the names of operators and aircraft operators who are in breach of requirements to surrender sufficient allow-

ances under this Directive.

3. Member States shall ensure that any operator or aircraft operator who does not surrender sufficient allowances by 30 April of each year to cover its emissions during the preceding year shall be held liable for the payment of an excess emissions penalty. The excess emissions penalty shall be EUR 100 for each tonne of carbon dioxide equivalent emitted for which the operator or aircraft operator has not surrendered allowances. Payment of the excess emissions penalty shall not release the operator or aircraft operator from the obligation to surrender an amount of allowances equal to those excess emissions when surrendering allowances in relation to the following calendar year.

▼ M4

4. The excess emissions penalty relating to allowances issued from 1 January 2013 onwards shall increase in accordance with the European index of consumer prices.

▼ M2

5. In the event that an aircraft operator fails to comply with the requirements of this Directive and where other enforcement measures have failed to ensure compliance, its administering Member State may request the Commission to decide on the imposition of an operating ban on the aircraft operator concerned.

6. Any request by an administering Member State under paragraph 5 shall include:

(a) evidence that the aircraft operator has not complied with its obligations under this Directive;

(b) details of the enforcement action which has been taken by that Member State;

(c) a justification for the imposition of an operating ban at Community level; and

(d) a recommendation for the scope of an operating ban at Community level and any conditions that should be applied.

7. When requests such as those referred to in paragraph 5 are addressed to

the Commission, the Commission shall inform the other Member States through their representatives on the Committee referred to in Article 23 (1) in accordance with the Committee's Rules of Procedure.

8. The adoption of a decision following a request pursuant to paragraph 5 shall be preceded, when appropriate and practicable, by consultations with the authorities responsible for regulatory oversight of the aircraft operator concerned. Whenever possible, consultations shall be held jointly by the Commission and the Member States.

9. When the Commission is considering whether to adopt a decision following a request pursuant to paragraph 5, it shall disclose to the aircraft operator concerned the essential facts and considerations which form the basis for such decision. The aircraft operator concerned shall be given an opportunity to submit written comments to the Commission within 10 working days from the date of disclosure.

10. At the request of a Member State, the Commission may, in accordance with the regulatory procedure referred to in Article 23 (2), adopt a decision to impose an operating ban on the aircraft operator concerned.

11. Each Member State shall enforce, within its territory, any decisions adopted under paragraph 10. It shall inform the Commission of any measures taken to implement such decisions.

12. Where appropriate, detailed rules shall be established in respect of the procedures referred to in this Article. Those measures, designed to amend non-essential elements of this Directive by supplementing it, shall be adopted in accordance with the regulatory procedure with scrutiny referred to in Article 23 (3).

▼ M1

Article 17

Access to information

Decisions relating to the allocation of allowances, information on project activities in which a Member State participates or authorises private or public entities to participate, and the reports of emissions required under the greenhouse gas emissions permit and held by the competent authority, shall be made available to the public in accordance with Directive 2003/4/EC.

▼B

Article 18

Competent authority

Member States shall make the appropriate administrative arrangements, including the designation of the appropriate competent authority or authorities, for the implementation of the rules of this Directive. Where more than one competent authority is designated, the work of these authorities undertaken pursuant to this Directive must be coordinated.

▼M1

Member States shall in particular ensure coordination between their designated focal point for approving project activities pursuant to Article 6 (1) (a) of the Kyoto Protocol and their designated national authority for the implementation of Article 12 of the Kyoto Protocol respectively designated in accordance with subsequent decisions adopted under the UNFCCC or the Kyoto Protocol.

▼M2

Article 18a

Administering Member State

1. The administering Member State in respect of an aircraft operator shall be:

(a) in the case of an aircraft operator with a valid operating licence granted by a Member State in accordance with the provisions of Council Regulation (EEC) No 2407/92 of 23 July 1992 on licensing of air carriers[①], the Member State which granted the operating licence in respect of that aircraft operator; and

(b) in all other cases, the Member State with the greatest estimated attributed aviation emissions from flights performed by that aircraft operator in the base

---

① OJ L 240, 24.8.1992, p. 1.

year.

2. Where in the first two years of any period referred to in Article 3c, none of the attributed aviation emissions from flights performed by an aircraft operator falling within paragraph 1 (b) of this Article are attributed to its administering Member State, the aircraft operator shall be transferred to another administering Member State in respect of the next period. The new administering Member State shall be the Member State with the greatest estimated attributed aviation emissions from flights performed by that aircraft operator during the first two years of the previous period.

3. Based on the best available information, the Commission shall:

(a) before 1 February 2009, publish a list of aircraft operators which performed an aviation activity listed in Annex I on or after 1 January 2006 specifying the administering Member State for each aircraft operator in accordance with paragraph 1; and

(b) before 1 February of each subsequent year, update the list to include aircraft operators which have subsequently performed an aviation activity listed in Annex I.

4. The Commission may, in accordance with the regulatory procedure referred to in Article 23 (2), develop guidelines relating to the administration of aircraft operators under this Directive by administering Member States.

5. For the purposes of paragraph 1, 'base year' means, in relation to an aircraft operator which started operating in the Community after 1 January 2006, the first calendar year of operation, and in all other cases, the calendar year starting on 1 January 2006.

Article 18b

Assistance from Eurocontrol

For the purposes of carrying out its obligations under Articles 3c (4) and 18a, the Commission may request the assistance of Eurocontrol or another relevant organisation and may conclude to that effect any appropriate agreements with those organisations.

▼ B

Article 19

Registries

▼ M4

1. Allowances issued from 1 January 2012 onwards shall be held in the Community registry for the execution of processes pertaining to the maintenance of the holding accounts opened in the Member State and the allocation, surrender and cancellation of allowances under the Commission Regulation referred to in paragraph 3.

1. Each Member State shall be able to fulfil the execution of authorised operations under the UNFCCC or the Kyoto Protocol.

▼ B

2. Any person may hold allowances. The registry shall be accessible to the public and shall contain separate accounts to record the allowances held by each person to whom and from whom allowances are issued or transferred.

▼ M3

3. In order to implement this Directive, the Commission shall adopt a Regulation for a standardised and secured system of registries in the form of standardised electronic databases containing common data elements to track the issue, holding, transfer and cancellation of allowances, to provide for public access and confidentiality as appropriate and to ensure that there are no transfers which are incompatible with the obligations resulting from the Kyoto Protocol. That Regulation shall also include provisions concerning the use and identification of CERs and ERUs in the Community scheme and the monitoring of the level of such use. That measure, designed to amend non – essential elements of this Directive by supplementing it, shall be adopted in accordance with the regulatory procedure with scrutiny referred to in Article 23 (3).

▼ M4

4. The Regulation referred to in paragraph 3 shall contain appropriate modalities for the Community registry to undertake transactions and other operations

to implement arrangements referred to in Article 25 (1b). That Regulation shall also include processes for the change and incident management for the Community registry with regard to issues in paragraph 1 of this Article. It shall contain appropriate modalities for the Community registry to ensure that initiatives of the Member States pertaining to efficiency improvement, administrative cost management and quality control measures are possible.

▼B

Article 20

Central Administrator

1. The Commission shall designate a Central Administrator to maintain an independent transaction log recording the issue, transfer and cancellation of allowances.

2. The Central Administrator shall conduct an automated check on each transaction in registries through the independent transaction log to ensure there are no irregularities in the issue, transfer and cancellation of allowances.

3. If irregularities are identified through the automated check, the Central Administrator shall inform the Member State or Member States concerned who shall not register the transactions in question or any further transactions relating to the allowances concerned until the irregularities have been resolved.

Article 21

Reporting by Member States

1. Each year the Member States shall submit to the Commission a report on the application of this Directive. ►M4 That report shall pay particular attention to the arrangements for the allocation of allowances, the operation of registries, the application of the implementing measures on monitoring and reporting, verification and accreditation and issues relating to compliance with this Directive and on the fiscal treatment of allowances, if any. ◄ The first report shall be sent to the Commission by 30 June 2005. The report shall be drawn up on the basis of a questionnaire or outline drafted by the Commission in accordance with the procedure laid down in Article 6 of Directive 91/692/EEC. The questionnaire or out-

line shall be sent to Member States at least six months before the deadline for the submission of the first report.

2. On the basis of the reports referred to in paragraph 1, the Commission shall publish a report on the application of this Directive within three months of receiving the reports from the Member States.

▼ M4

3. The Commission shall organise an exchange of information between the competent authorities of the Member States concerning developments relating to issues of allocation, the use of ERUs and CERs in the Community scheme, the operation of registries, monitoring, reporting, verification, accreditation, information technology, and compliance with this Directive.

▼ M1

Article 21a

Support of capacity – building activities

In accordance with the UNFCCC, the Kyoto Protocol and any subsequent decision adopted for their implementation, the Commission and the Member States shall endeavour to support capacity – building activities in developing countries and countries with economies in transition in order to help them take full advantage of JI and the CDM in a manner that supports their sustainable development strategies and to facilitate the engagement of entities in JI and CDM project development and implementation.

▼ M4

Article 22

Amendments to the Annexes

The Annexes to this Directive, with the exception of Annexes I, IIa and IIb, may be amended in the light of the reports provided for in Article 21 and of the experience of the application of this Directive. Annexes IV and V may be amended in order to improve the monitoring, reporting and verification of emissions.

Those measures, designed to amend non – essential elements of this Directive, inter alia, by supplementing it, shall be adopted in accordance with the regulatory procedure with scrutiny referred to in Article 23 (3) .

▼ B

Article 23

Committee

1. The Commission shall be assisted by the committee instituted by Article 8 of Decision 93/389/EEC.

2. Where reference is made to this paragraph, Articles 5 and 7 of Decision 1999/468/EC shall apply, having regard to the provisions of Article 8 thereof.

The period laid down in Article 5 (6) of Decision 1999/468/EC shall be set at three months.

▼ M3

3. Where reference is made to this paragraph, Article 5a (1) to (4) and Article 7 of Decision 1999/468/EC shall apply, having regard to the provisions of Article 8 thereof.

▼ M4

4. Where reference is made to this paragraph, Article 4 and 7 of Decision 1999/468/EC shall apply, having regard to the provisions of Article 8 thereof.

▼ M4

Article 24

Procedures for unilateral inclusion of additional activities and gases

1. From 2008, Member States may apply emission allowance trading in accordance with this Directive to activities and to greenhouse gases which are not listed in Annex I, taking into account all relevant criteria, in particular the effects on the internal market, potential distortions of competition, the environmental integrity of the Community scheme and the reliability of the planned monitoring and reporting system, provided that inclusion of such activities and greenhouse gases is approved by the Commission

(a) in accordance with the regulatory procedure referred to in Article 23 (2), if the inclusion refers to installations which are not covered by Annex I; or

(b) in accordance with the regulatory procedure with scrutiny referred to in Article 23 (3), if the inclusion refers to activities and greenhouse gases which are not listed in Annex I. Those measures are designed to amend non – essential elements of this Directive by supplementing it.

2. When the inclusion of additional activities and gases is approved, the Commission may at the same time authorise the issue of additional allowances and may authorise other Member States to include such additional activities and gases.

3. On the initiative of the Commission or at the request of a Member State, a regulation may be adopted on the monitoring of, and reporting on, emissions concerning activities, installations and greenhouse gases which are not listed as a combination in Annex I, if that monitoring and reporting can be carried out with sufficient accuracy.

3. That measure, designed to amend non – essential elements of this Directive by supplementing it, shall be adopted in accordance with the regulatory procedure with scrutiny referred to in Article 23 (3).

▼ M4

Article 24a

Harmonised rules for projects that reduce emissions

1. In addition to the inclusions provided for in Article 24, implementing measures for issuing allowances or credits in respect of projects administered by Member States that reduce greenhouse gas emissions not covered by the Community scheme may be adopted.

1. Those measures, designed to amend non – essential elements of this Directive by supplementing it, shall be adopted in accordance with the regulatory procedure with scrutiny referred to in Article 23 (3).

1. Any such measures shall not result in the double – counting of emission reductions nor impede the undertaking of other policy measures to reduce emissions not covered by the Community scheme. Measures shall only be adopted where inclusion is not possible in accordance with Article 24, and the next review

of the Community scheme shall consider harmonising the coverage of those emissions across the Community.

2. Implementing measures that set out the details for crediting in respect of Community – level projects referred to in paragraph 1 may be adopted.

2. Those measures, designed to amend non – essential elements of this Directive by supplementing it, shall be adopted in accordance with the regulatory procedure with scrutiny referred to in Article 23 (3) .

3. A Member State can refuse to issue allowances or credits in respect of certain types of projects that reduce greenhouse gas emissions on its own territory.

3. Such projects will be executed on the basis of the agreement of the Member State in which the project takes place.

▼B

Article 25

Links with other greenhouse gas emissions trading schemes

1. Agreements should be concluded with third countries listed in Annex B to the Kyoto Protocol which have ratified the Protocol to provide for the mutual recognition of allowances between the Community scheme and other greenhouse gas emissions trading schemes in accordance with the rules set out in Article 300 of the Treaty.

▼M4

1a. Agreements may be made to provide for the recognition of allowances between the Community scheme and compatible mandatory greenhouse gas emissions trading systems with absolute emissions caps established in any other country or in sub – federal or regional entities.

1b. Non – binding arrangements may be made with third countries or with sub – federal or regional entities to provide for administrative and technical coordination in relation to allowances in the Community scheme or other mandatory greenhouse gas emissions trading systems with absolute emissions caps.

▼M3

2. Where an agreement referred to in paragraph 1 has been concluded, the

Commission shall adopt any necessary provisions relating to the mutual recognition of allowances under that agreement. Those measures, designed to amend non - essential elements of this Directive, by supplementing it, shall be adopted in accordance with the regulatory procedure with scrutiny referred to in Article 23 (3).

▼ M2

Article 25a

Third country measures to reduce the climate change impact of aviation

1. Where a third country adopts measures for reducing the climate change impact of flights departing from that country which land in the Community, the Commission, after consulting with that third country, and with Member States within the Committee referred to in Article 23 (1), shall consider options available in order to provide for optimal interaction between the Community scheme and that country's measures.

Where necessary, the Commission may adopt amendments to provide for flights arriving from the third country concerned to be excluded from the aviation activities listed in Annex I or to provide for any other amendments to the aviation activities listed in Annex I which are required by an agreement pursuant to the fourth subparagraph. Those measures, designed to amend non - essential elements of this Directive, shall be adopted in accordance with the regulatory procedure with scrutiny referred to in Article 23 (3).

The Commission may propose to the European Parliament and the Council any other amendments to this Directive.

The Commission may also, where appropriate, make recommendations to the Council in accordance with Article 300 (1) of the Treaty to open negotiations with a view to concluding an agreement with the third country concerned.

2. The Community and its Member States shall continue to seek an agreement on global measures to reduce greenhouse gas emissions from aviation. In the light of any such agreement, the Commission shall consider whether amendments to this Directive as it applies to aircraft operators are necessary.

▼ B

Article 26

Amendment of Directive 96/61/EC

In Article 9 (3) of Directive 96/61/EC the following subparagraphs shall be added:

'Where emissions of a greenhouse gas from an installation are specified in Annex I to Directive 2003/87/EC of the European Parliament and of the Council of 13 October 2003 establishing a scheme for greenhouse gas emission allowance trading within the Community and amending Council Directive 96/61/EC① in relation to an activity carried out in that installation, the permit shall not include an emission limit value for direct emissions of that gas unless it is necessary to ensure that no significant local pollution is caused.

For activities listed in Annex I to Directive 2003/87/EC, Member States may choose not to impose requirements relating to energy efficiency in respect of combustion units or other units emitting carbon dioxide on the site.

Where necessary, the competent authorities shall amend the permit as appropriate.

The three preceding subparagraphs shall not apply to installations temporarily excluded from the scheme for greenhouse gas emission allowance trading within the Community in accordance with Article 27 of Directive 2003/87/EC.

▼ M4

Article 27

Exclusion of small installations subject to equivalent measures

1. Following consultation with the operator, Member States may exclude from the Community scheme installations which have reported to the competent authority emissions of less than 25 000 tonnes of carbon dioxide equivalent and, where they carry out combustion activities, have a rated thermal input below 35 MW, excluding emissions from biomass, in each of the three years preceding the

---

① OJ L 275, 25.10.2003, p. 32.'

notification under point (a), and which are subject to measures that will achieve an equivalent contribution to emission reductions, if the Member State concerned complies with the following conditions:

(a) it notifies the Commission of each such installation, specifying the equivalent measures applying to that installation that will achieve an equivalent contribution to emission reductions that are in place, before the list of installations pursuant to Article 11 (1) has to be submitted and at the latest when this list is submitted to the Commission;

(b) it confirms that monitoring arrangements are in place to assess whether any installation emits 25 000 tonnes or more of carbon dioxide equivalent, excluding emissions from biomass, in any one calendar year. Member States may allow simplified monitoring, reporting and verification measures for installations with average annual verified emissions between 2008 and 2010 which are below 5 000 tonnes a year, in accordance with Article 14;

(c) it confirms that if any installation emits 25 000 tonnes or more of carbon dioxide equivalent, excluding emissions from biomass, in any one calendar year or the measures applying to that installation that will achieve an equivalent contribution to emission reductions are no longer in place, the installation will be reintroduced into the Community scheme;

(d) it publishes the information referred to in points (a), (b) and (c) for public comment.

1. Hospitals may also be excluded if they undertake equivalent measures.

2. If, following a period of three months from the date of notification for public comment, the Commission does not object within a further period of six months, the exclusion shall be deemed approved.

2. Following the surrender of allowances in respect of the period during which the installation is in the Community scheme, the installation shall be excluded and the Member State shall no longer issue free allowances to the installation pursuant to Article 10a.

3. When an installation is reintroduced into the Community scheme pursuant

to paragraph 1 (c), any allowances issued pursuant to Article 10a shall be granted starting with the year of the reintroduction. Allowances issued to these installations shall be deducted from the quantity to be auctioned pursuant to Article 10 (2) by the Member State in which the installation is situated.

3. Any such installation shall stay in the Community scheme for the rest of the trading period.

4. For installations which have not been included in the Community scheme during the period from 2008 to 2012, simplified requirements for monitoring, reporting and verification may be applied for determining emissions in the three years preceding the notification under paragraph 1 point (a).

Article 28

Adjustments applicable upon the approval by the Community of an international agreement on climate change

1. Within three months of the signature by the Community of an international agreement on climate change leading, by 2020, to mandatory reductions of greenhouse gas emissions exceeding 20% compared to 1990 levels, as reflected in the 30% reduction commitment as endorsed by the European Council of March 2007, the Commission shall submit a report assessing, in particular, the following elements:

(a) the nature of the measures agreed upon in the framework of the international negotiations as well as the commitments made by other developed countries to comparable emission reductions to those of the Community and the commitments made by economically more advanced developing countries to contributing adequately according to their responsibilities and respective capabilities;

(b) the implications of the international agreement on climate change, and consequently, options required at Community level, in order to move to the more ambitious 30% reduction target in a balanced, transparent and equitable way, taking into account work under the Kyoto Protocol's first commitment period;

(c) the Community manufacturing industries' competitiveness in the context of carbon leakage risks;

(d) the impact of the international agreement on climate change on other Community economic sectors;

(e) the impact on the Community agriculture sector, including carbon leakage risks;

(f) the appropriate modalities for including emissions and removals related to land use, land use change and forestry in the Community;

(g) afforestation, reforestation, avoided deforestation and forest degradation in third countries in the event of the establishment of any internationally recognised system in this context;

(h) the need for additional Community policies and measures in view of the greenhouse gas reduction commitments of the Community´and of Member States.

2. On the basis of the report referred to in paragraph 1, the Commission shall, as appropriate, submit a legislative proposal to the European Parliament and to the Council amending this Directive pursuant to paragraph 1, with a view to the amending Directive entering into force upon the approval by the Community of the international agreement on climate change and in view of the emission reduction commitment to be implemented under that agreement.

2. The proposal shall be based upon the principles of transparency, economic efficiency and cost – effectiveness, as well as fairness and solidarity in the distribution of efforts between Member States.

3. The proposal shall allow, as appropriate, operators to use, in addition to the credits provided for in this Directive, CERs, ERUs or other approved credits from third countries which have ratified the international agreement on climate change.

4. The proposal shall also include, as appropriate, any other measures needed to help reach the mandatory reductions in accordance with paragraph 1 in a transparent, balanced and equitable way and, in particular, shall include implementing measures to provide for the use of additional types of project credits by operators in the Community scheme to those referred to in paragraphs 2 to 5 of Article 11a or the use by such operators of other mechanisms created under the in-

ternational agreement on climate change, as appropriate.

5. The proposal shall include the appropriate transitional and suspensive measures pending the entry into force of the international agreement on climate change.

Article 29

Report to ensure the better functioning of the carbon market

If, on the basis of the regular reports on the carbon market referred to in Article 10 (5), the Commission has evidence that the carbon market is not functioning properly, it shall submit a report to the European Parliament and to the Council. The report may be accompanied, if appropriate, by proposals aiming at increasing transparency of the carbon market and addressing measures to improve its functioning.

▼ M4

Article 29a

Measures in the event of excessive price fluctuations

1. If, for more than six consecutive months, the allowance price is more than three times the average price of allowances during the two preceding years on the European carbon market, the Commission shall immediately convene a meeting of the Committee established by Article 9 of Decision No 280/2004/EC.

2. If the price evolution referred to in paragraph 1 does not correspond to changing market fundamentals, one of the following measures may be adopted, taking into account the degree of price evolution:

(a) a measure which allows Member States to bring forward the auctioning of a part of the quantity to be auctioned;

(b) a measure which allows Member States to auction up to 25% of the remaining allowances in the new entrants reserve.

2. Those measures shall be adopted in accordance with the management procedure referred to in Article 23 (4).

3. Any measure shall take utmost account of the reports submitted by the Commission to the European Parliament and to the Council pursuant to Article

29, as well as any other relevant information provided by Member States.

4. The arrangements for the application of these provisions shall be laid down in the regulation referred to in Article 10 (4).

▼B

Article 30

Review and further development

1. On the basis of progress achieved in the monitoring of emissions of greenhouse gases, the Commission may make a proposal to the European Parliament and the Council by 31 December 2004 to amend Annex I to include other activities and emissions of other greenhouse gases listed in Annex II.

2. On the basis of experience of the application of this Directive and of progress achieved in the monitoring of emissions of greenhouse gases and in the light of developments in the international context, the Commission shall draw up a report on the application of this Directive, considering:

(a) how and whether Annex I should be amended to include other relevant sectors, *inter alia* the chemicals, aluminium and transport sectors, activities and emissions of other greenhouse gases listed in Annex II, with a view to further improving the economic efficiency of the scheme;

(b) the relationship of Community emission allowance trading with the international emissions trading that will start in 2008;

(c) further harmonisation of the method of allocation (including auctioning for the time after 2012) and of the criteria for national allocation plans referred to in Annex III;

▼M1

(d) the use of credits from project activities, including the need for harmonisation of the allowed use of ERUs and CERs in the Community scheme;

▼B

(e) the relationship of emissions trading with other policies and measures implemented at Member State and Community level, including taxation, that pursue the same objectives;

(f) whether it is appropriate for there to be a single Community registry;

(g) the level of excess emissions penalties, taking into account, *inter alia*, inflation;

(h) the functioning of the allowance market, covering in particular any possible market disturbances;

(i) how to adapt the Community scheme to an enlarged European Union;

(j) pooling;

(k) the practicality of developing Community – wide benchmarks as a basis for allocation, taking into account the best available techniques and cost – benefit analysis;

▼ M1

(l) the impact of project mechanisms on host countries, particularly on their development objectives, whether JI and CDM hydroelectric power production project activities with a generating capacity exceeding 500 MW and having negative environmental or social impacts have been approved, and the future use of CERs or ERUs resulting from any such hydroelectric power production project activities in the Community scheme;

(m) the support for capacity – building efforts in developing countries and countries with economies in transition;

(n) the modalities and procedures for Member States' approval of domestic project activities and for the issuing of allowances in respect of emission reductions or limitations resulting from such activities from 2008;

(o) technical provisions relating to the temporary nature of credits and the limit of 1% for eligibility for land use, land – use change and forestry project activities as established in Decision 17/CP. 7, and provisions relating to the outcome of the evaluation of potential risks associated with the use of genetically modified organisms and potentially invasive alien species by afforestation and reforestation project activities, to allow operators to use CERs and ERUs resulting from land use, land – use change and forestry project activities in the Community scheme from 2008, in accordance with the decisions adopted pursuant to the UN-

FCCC or the Kyoto Protocol.

▼ B

The Commission shall submit this report to the European Parliament and the Council by 30 June 2006, accompanied by proposals as appropriate.

▼ M1

3. In advance of each period referred to in Article 11(2), each Member State shall publish in its national allocation plan its intended use of ERUs and CERs and the percentage of the allocation to each installation up to which operators are allowed to use ERUs and CERs in the Community scheme for that period. The total use of ERUs and CERs shall be consistent with the relevant supplementarity obligations under the Kyoto Protocol and the UNFCCC and the decisions adopted thereunder.

Member States shall, in accordance with Article 3 of Decision No. 280/2004/EC of the European Parliament and of the Council of 11 February 2004 concerning a mechanism for monitoring Community greenhouse gas emissions and for implementing the Kyoto Protocol①, report to the Commission every two years on the extent to which domestic action actually constitutes a significant element of the efforts undertaken at national level, as well as the extent to which use of the project mechanisms is actually supplemental to domestic action, and the ratio between them, in accordance with the relevant provisions of the Kyoto Protocol and the decisions adopted thereunder. The Commission shall report on this in accordance with Article 5 of the said Decision. In the light of this report, the Commission shall, if appropriate, make legislative or other proposals to complement provisions adopted by Member States to ensure that use of the mechanisms is supplemental to domestic action within the Community.

▼ M2

4. By 1 December 2014 the Commission shall, on the basis of monitoring and experience of the application of this Directive, review the functioning of this

---

① OJ L 49, 19.2.2004, p. 1.

Directive in relation to aviation activities in Annex I and may make proposals to the European Parliament and the Council pursuant to Article 251 of the Treaty as appropriate. The Commission shall give consideration in particular to:

(a) the implications and impacts of this Directive as regards the overall functioning of the Community scheme;

(b) the functioning of the aviation allowance market, covering in particular any possible market disturbances;

(c) the environmental effectiveness of the Community scheme and the extent by which the total quantity of allowances to be allocated to aircraft operators under Article 3c should be reduced in line with overall EU emissions reduction targets;

(d) the impact of the Community scheme on the aviation sector, including issues of competitiveness, taking into account in particular the effect of climate change policies implemented for aviation outside the EU;

(e) continuing with the special reserve for aircraft operators, taking into account the likely convergence of growth rates across the industry;

(f) the impact of the Community scheme on the structural dependency on aviation transport of islands, landlocked regions, peripheral regions and the outermost regions of the Community;

(g) whether a gateway system should be included to facilitate the trading of allowances between aircraft operators and operators of installations whilst ensuring that no transactions would result in a net transfer of allowances from aircraft operators to operators of installations;

(h) the implications of the exclusion thresholds as specified in Annex I in terms of certified maximum take – off mass and number of flights per year performed by an aircraft operator;

(i) the impact of the exemption from the Community scheme of certain flights performed in the framework of public service obligations imposed in accordance with Council Regulation (EEC) No 2408/92 of 23 July 1992 on access for Community air carriers to intra – Community air routes ①;

(j) developments, including the potential for future developments, in the efficiency of aviation and in particular the progress towards meeting the Advisory Council for Aeronautics Research in Europe (ACARE) goal to develop and demonstrate technologies able to reduce fuel consumption by 50% by 2020 and whether further measures to increase efficiency are necessary;

(k) developments in scientific understanding on the climate change impacts of contrails and cirrus clouds caused by aviation with a view to proposing effective mitigation measures.

The Commission shall then report to the European Parliament and the Council.

CHAPTER V

FINAL PROVISIONS

▼B

Article 31

Implementation

1. Member States shall bring into force the laws, regulations and administrative provisions necessary to comply with this Directive by 31 December 2003 at the latest. They shall forthwith inform the Commission thereof. The Commission shall notify the other Member States of these laws, regulations and administrative provisions.

When Member States adopt these measures, they shall contain a reference to this Directive or be accompanied by such a reference on the occasion of their official publication. The methods of making such reference shall be laid down by Member States.

2. Member States shall communicate to the Commission the text of the provisions of national law which they adopt in the field covered by this Directive. The

① OJ L 240, 24. 8. 1992, p. 8.

Commission shall inform the other Member States thereof.

Article 32

Entry into force

This Directive shall enter into force on the day of its publication in the Official Journal of the European Union.

Article 33

Addressees

This Directive is addressed to the Member States.

▼ M4

ANNEX I

CATEGORIES OF ACTIVITIES TO WHICH THIS DIRECTIVE APPLIES

1. Installations or parts of installations used for research, development and testing of new products and processes and installations exclusively using biomass are not covered by this Directive.

2. The thresholds values given below generally refer to production capacities or outputs. Where several activities falling under the same category are carried out in the same installation, the capacities of such activities are added together.

3. When the total rated thermal input of an installation is calculated in order to decide upon its inclusion in the Community scheme, the rated thermal inputs of all technical units which are part of it, in which fuels are combusted within the installation, are added together. These units could include all types of boilers, burners, turbines, heaters, furnaces, incinerators, calciners, kilns, ovens, dryers, engines, fuel cells, chemical looping combustion units, flares, and thermal or catalytic post – combustion units. Units with a rated thermal input under 3 MW and units which use exclusively biomass shall not be taken into account for the purposes of this calculation. ' Units using exclusively biomass ' includes units which use fossil fuels only during start – up or shut – down of the unit.

4. If a unit serves an activity for which the threshold is not expressed as total rated thermal input, the threshold of this activity shall take precedence for the decision about the inclusion in the Community scheme.

5. When the capacity threshold of any activity in this Annex is found to be exceeded in an installation, all units in which fuels are combusted, other than units for the incineration of hazardous or municipal waste, shall be included in the greenhouse gas emission permit.

6. From 1 January 2012 all flights which arrive at or depart from an aerodrome situated in the territory of a Member State to which the Treaty applies shall

be included.

Activities	Greenhouse gases
Combustion of fuels in installations with a total rated thermal input exceeding 20 MW (except in installations for the incineration of hazardous or municipal waste)	Carbon dioxide
Refining of mineral oil	Carbon dioxide
Production of coke	Carbon dioxide
Metal ore (including sulphide ore) roasting or sintering, including pelletisation	Carbon dioxide
Production of pig iron or steel (primary or secondary fusion) including continuous casting, with a capacity exceeding 2, 5 tonnes per hour	Carbon dioxide
Production or processing of ferrous metals (including ferro – alloys) where combustion units with a total rated thermal input exceeding 20 MW are operated. Processing includes, inter alia, rolling mills, re – heaters, annealing furnaces, smitheries, foundries, coating and pickling	Carbon dioxide
Production of primary aluminium	Carbon dioxide and perfluorocarbons
Production of secondary aluminium where combustion units with a total rated thermal input exceeding 20 MW are operated	Carbon dioxide
Production or processing of non – ferrous metals, including production of alloys, refining, foundry casting, etc., where combustion units with a total rated thermal input (including fuels used as reducing agents) exceeding 20 MW are operated	Carbon dioxide
Production of cement clinker in rotary kilns with a production capacity exceeding 500 tonnes per day or in other furnaces with a production capacity exceeding 50 tonnes per day	Carbon dioxide
Production of lime or calcination of dolomite or magnesite in rotary kilns or in other furnaces with a production capacity exceeding 50 tonnes per day	Carbon dioxide
Manufacture of glass including glass fibre with a melting capacity exceeding 20 tonnes per day	Carbon dioxide

续表

Activities	Greenhouse gases
Manufacture of ceramic products by firing, in particular roofing tiles, bricks, refractory bricks, tiles, stoneware or porcelain, with a production capacity exceeding 75 tonnes per day	Carbon dioxide
Manufacture of mineral wool insulation material using glass, rock or slag with a melting capacity exceeding 20 tonnes per day	Carbon dioxide
Drying or calcination of gypsum or production of plaster boards and other gypsum products, where combustion units with a total rated thermal input exceeding 20 MW are operated	Carbon dioxide
Production of pulp from timber or other fibrous materials	Carbon dioxide
Production of paper or cardboard with a production capacity exceeding 20 tonnes per day	Carbon dioxide
Production of carbon black involving the carbonisation of organic substances such as oils, tars, cracker and distillation residues, where combustion units with a total rated thermal input exceeding 20 MW are operated	Carbon dioxide
Production of nitric acid	Carbon dioxide and nitrous oxide
Production of adipic acid	Carbon dioxide and nitrous oxide
Production of glyoxal and glyoxylic acid	Carbon dioxide and nitrous oxide
Production of ammonia	Carbon dioxide
Production of bulk organic chemicals by cracking, reforming, partial or full oxidation or by similar processes, with a production capacity exceeding 100 tonnes per day	Carbon dioxide
Production of hydrogen (H_2) and synthesis gas by reforming or partial oxidation with a production capacity exceeding 25 tonnes per day	Carbon dioxide
Production of soda ash (Na_2CO_3) and sodium bicarbonate ($NaHCO_3$)	Carbon dioxide

续表

Activities	Greenhouse gases
Capture of greenhouse gases from installations covered by this Directive for the purpose of transport and geological storage in a storage site permitted under Directive 2009/31/EC	Carbon dioxide
Transport of greenhouse gases by pipelines for geological storage in a storage site permitted under Directive 2009/31/EC	Carbon dioxide
Geological storage of greenhouse gases in a storage site permitted under Directive 2009/31/EC	Carbon dioxide
Aviation Flights which depart from or arrive in an aerodrome situated in the territory of a Member State to which the Treaty applies. This activity shall not include: (a) flights performed exclusively for the transport, on official mission, of a reigning Monarch and his immediate family, Heads of State, Heads of Government and Government Ministers, of a country other than a Member State, where this is substantiated by an appropriate status indicator in the flight plan; (b) military flights performed by military aircraft and customs and police flights; (c) flights related to search and rescue, fire-fighting flights, humanitarian flights and emergency medical service flights authorised by the appropriate competent authority; (d) any flights performed exclusively under visual flight rules as defined in Annex 2 to the Chicago Convention; (e) flights terminating at the aerodrome from which the aircraft has taken off and during which no intermediate landing has been made; (f) training flights performed exclusively for the purpose of obtaining a licence, or a rating in the case of cockpit flight crew where this is substantiated by an appropriate remark in the flight plan provided that the flight does not serve for the transport of passengers and/or cargo or for the positioning or ferrying of the aircraft;	Carbon dioxide

续表

Activities	Greenhouse gases
(g) flights performed exclusively for the purpose of scientific research or for the purpose of checking, testing or certifying aircraft or equipment whether airborne or ground – based; (h) flights performed by aircraft with a certified maximum take – off mass of less than 5,700 kg; (i) flights performed in the framework of public service obligations imposed in accordance with Regulation (EEC) No 2408/92 on routes within outermost regions, as specified in Article 299(2) of the Treaty, or on routes where the capacity offered does not exceed 30,000 seats per year; and (j) flights which, but for this point, would fall within this activity, performed by a commercial air transport operator operating either: —fewer than 243 flights per period for three consecutive four – month periods, or —flights with total annual emissions lower than 10,000 tonnes per year. Flights performed exclusively for the transport, on official mission, of a reigning Monarch and his immediate family, Heads of State, Heads of Government and Government Ministers, of a Member State may not be excluded under this point.	Carbon dioxide

▼ B

ANNEX II

GREENHOUSE GASES REFERRED TO IN ARTICLES 3 AND 30

Carbon dioxide (CO_2)

Methane (CH_4)

Nitrous Oxide (N_2O)

Hydrofluorocarbons (HFCs)

Perfluorocarbons (PFCs)

Sulphur Hexafluoride (SF_6)

▼M4

ANNEX IIa

Increases in the percentage of allowances to be auctioned by Member States pursuant to Article 10(2) (a), for the purpose of Community solidarity and growth in order to reduce emissions and adapt to the effects of climate change

	Member State Share
Belgium	10%
Bulgaria	53%
Czech Republic	31%
Estonia	42%
Greece	17%
Spain	13%
Italy	2%
Cyprus	20%
Latvia	56%
Lithuania	46%
Luxembourg	10%
Hungary	28%
Malta	23%
Poland	39%
Portugal	16%
Romania	53%
Slovenia	20%
Slovakia	41%
Sweden	10%

ANNEX IIb

DISTRIBUTION OF ALLOWANCES TO BE AUCTIONED BY MEMBER STATES PURSUANT TO ARTICLE 10(2)(c) REFLECTING EARLY EFFORTS OF SOME MEMBER STATES TO ACHIEVE 20% REDUCTION OF GREENHOUSE GAS EMISSIONS

Member State	Distribution of the 2% against the Kyoto base in percentages
Bulgaria	15%
Czech Republic	4%
Estonia	6%
Hungary	5%
Latvia	4%
Lithuania	7%
Poland	27%
Romania	29%
Slovakia	3%

▼ M4

▼ B

ANNEX IV

PRINCIPLES FOR MONITORING AND REPORTING REFERRED TO IN ARTICLE 14(1)

▼ M2

PART A—**Monitoring and reporting of emissions from stationary installations**

▼ B

Monitoring of carbon dioxide emissions

Emissions shall be monitored either by calculation or on the basis of measurement.

Calculation

Calculations of emissions shall be performed using the formula:

Activity data × Emission factor × Oxidation factor

Activity data (fuel used, production rate etc.) shall be monitored on the basis of supply data or measurement.

Accepted emission factors shall be used. Activity – specific emission factors are acceptable for all fuels. Default factors are acceptable for all fuels except non – commercial ones (waste fuels such as tyres and industrial process gases). Seam – specific defaults for coal, and EU – specific or producer country – specific defaults for natural gas shall be further elaborated. IPCC default values are acceptable for refinery products. The emission factor for biomass shall be zero.

If the emission factor does not take account of the fact that some of the carbon is not oxidised, then an additional oxidation factor shall be used. If activity – specific emission factors have been calculated and already take oxidation into account, then an oxidation factor need not be applied.

Default oxidation factors developed pursuant to Directive 96/61/EC shall be used, unless the operator can demonstrate that activity – specific factors are more accurate.

A separate calculation shall be made for each activity, installation and for each fuel.

Measurement

Measurement of emissions shall use standardised or accepted methods, and shall be corroborated by a supporting calculation of emissions.

Monitoring of emissions of other greenhouse gases

▼ M3

Standardised or accepted methods shall be used, developed by the Commission in collaboration with all relevant stakeholders. Those measures, designed to amend non – essential elements of this Directive, by supplementing it, shall be adopted in accordance with the regulatory procedure with scrutiny referred to in Article 23(3) .

▼ B

Reporting of emissions

Each operator shall include the following information in the report for an installation:

A. Data identifying the installation, including:

—Name of the installation;

—Its address, including postcode and country;

—Type and number of Annex I activities carried out in the installation;

—Address, telephone, fax and email details for a contact person; and

—Name of the owner of the installation, and of any parent company.

B. For each Annex I activity carried out on the site for which emissions are calculated:

—Activity data;

—Emission factors;

—Oxidation factors;

—Total emissions; and

—Uncertainty.

C. For each Annex I activity carried out on the site for which emissions are measured:

—Total emissions;

—Information on the reliability of measurement methods; and

—Uncertainty.

D. For emissions from combustion, the report shall also include the oxidation factor, unless oxidation has already been taken into account in the development of an activity - specific emission factor.

Member States shall take measures to coordinate reporting requirements with any existing reporting requirements in order to minimise the reporting burden on businesses.

▼ M2

PART B—**Monitoring and reporting of emissions from aviation activities**

Monitoring of carbon dioxide emissions

Emissions shall be monitored by calculation. Emissions shall be calculated using the formula:

Fuel consumption × emission factor

Fuel consumption shall include fuel consumed by the auxiliary power unit. Actual fuel consumption for each flight shall be used wherever possible and shall be calculated using the formula:

Amount of fuel contained in aircraft tanks once fuel uplift for the flight is complete - amount of fuel contained in aircraft tanks once fuel uplift for subsequent flight is complete + fuel uplift for that subsequent flight.

If actual fuel consumption data are not available, a standardised tiered method shall be used to estimate fuel consumption data based on best available information.

Default IPCC emission factors, taken from the 2006 IPCC Inventory Guidelines or subsequent updates of these Guidelines, shall be used unless activity - specific emission factors identified by independent accredited laboratories using accepted analytical methods are more accurate. The emission factor for biomass shall be zero.

A separate calculation shall be made for each flight and for each fuel.

Reporting of emissions

Each aircraft operator shall include the following information in its report under Article 14(3):

A. Data identifying the aircraft operator, including:

—name of the aircraft operator,

—its administering Member State,

—its address, including postcode and country and, where different, its contact address in the administering Member State,

—the aircraft registration numbers and types of aircraft used in the period covered by the report to perform the aviation activities listed in Annex I for which it is the aircraft operator,

—the number and issuing authority of the air operator certificate and operating licence under which the aviation activities listed in Annex I for which it is the aircraft operator were performed,

—address, telephone, fax and e-mail details for a contact person, and

—name of the aircraft owner.

B. For each type of fuel for which emissions are calculated:

—fuel consumption,

—emission factor,

—total aggregated emissions from all flights performed during the period covered by the report which fall within the aviation activities listed in Annex I for which it is the aircraft operator,

—aggregated emissions from:

—

—all flights performed during the period covered by the report which fall within the aviation activities listed in Annex I for which it is the aircraft operator and which departed from an aerodrome situated in the territory of a Member State and arrived at an aerodrome situated in the territory of the same Member State,

—all other flights performed during the period covered by the report which fall within the aviation activities listed in Annex I for which it is the aircraft operator,

—aggregated emissions from all flights performed during the period covered by the report which fall within the aviation activities listed in Annex I for which it is the aircraft operator and which:

—

—departed from each Member State, and

—arrived in each Member State from a third country,

—uncertainty.

Monitoring of tonne - kilometre data for the purpose of Articles 3e and 3f

For the purpose of applying for an allocation of allowances in accordance with Article 3e(1) or Article 3f(2), the amount of aviation activity shall be calculated in tonne - kilometres using the following formula:

tonne - kilometres = distance × payload

where:

'distance' means the great circle distance between the aerodrome of departure and the aerodrome of arrival plus an additional fixed factor of 95 km; and

'payload' means the total mass of freight, mail and passengers carried.

For the purposes of calculating the payload:

—the number of passengers shall be the number of persons on - board excluding crew members,

—an aircraft operator may choose to apply either the actual or standard mass for passengers and checked baggage contained in its mass and balance documentation for the relevant flights or a default value of 100 kg for each passenger and his checked baggage.

Reporting of tonne - kilometre data for the purpose of Articles 3e and 3f

Each aircraft operator shall include the following information in its application under Article 3e(1) or Article 3f(2):

A. Data identifying the aircraft operator, including:

—name of the aircraft operator,

—its administering Member State,

—its address, including postcode and country and, where different, its contact address in the administering Member State,

—the aircraft registration numbers and types of aircraft used during the year covered by the application to perform the aviation activities listed in Annex I for which it is the aircraft operator,

—the number and issuing authority of the air operator certificate and operating licence under which the aviation activities listed in Annex I for which it is the aircraft operator were performed,

—address, telephone, fax and e – mail details for a contact person, and

—name of the aircraft owner.

B. Tonne – kilometre data:

—number of flights by aerodrome pair,

—number of passenger – kilometres by aerodrome pair,

—number of tonne – kilometres by aerodrome pair,

—chosen method for calculation of mass for passengers and checked baggage,

—total number of tonne – kilometres for all flights performed during the year to which the report relates falling within the aviation activities listed in Annex I for which it is the aircraft operator.

▼ B

ANNEX V

CRITERIA FOR VERIFICATION REFERRED TO IN ARTICLE 15

▼ M2

PART A—**Verification of emissions from stationary installations**

▼ B

General Principles

1. Emissions from each activity listed in Annex I shall be subject to verification.

2. The verification process shall include consideration of the report pursuant to Article 14(3) and of monitoring during the preceding year. It shall address the reliability, credibility and accuracy of monitoring systems and the reported data and information relating to emissions, in particular:

(a) the reported activity data and related measurements and calculations;

(b) the choice and the employment of emission factors;

(c) the calculations leading to the determination of the overall emissions; and

(d) if measurement is used, the appropriateness of the choice and the employment of measuring methods.

3. Reported emissions may only be validated if reliable and credible data and information allow the emissions to be determined with a high degree of certainty. A high degree of certainty requires the operator to show that:

(a) the reported data is free of inconsistencies;

(b) the collection of the data has been carried out in accordance with the applicable scientific standards; and

(c) the relevant records of the installation are complete and consistent.

4. The verifier shall be given access to all sites and information in relation to the subject of the verification.

5. The verifier shall take into account whether the installation is registered under the Community eco - management and audit scheme (EMAS).

Methodology

Strategic analysis

6. The verification shall be based on a strategic analysis of all the activities carried out in the installation. This requires the verifier to have an overview of all the activities and their significance for emissions.

Process analysis

7. The verification of the information submitted shall, where appropriate, be carried out on the site of the installation. The verifier shall use spot – checks to determine the reliability of the reported data and information.

Risk analysis

8. The verifier shall submit all the sources of emissions in the installation to an evaluation with regard to the reliability of the data of each source contributing to the overall emissions of the installation.

9. On the basis of this analysis the verifier shall explicitly identify those sources with a high risk of error and other aspects of the monitoring and reporting procedure which are likely to contribute to errors in the determination of the overall emissions. This especially involves the choice of the emission factors and the calculations necessary to determine the level of the emissions from individual sources. Particular attention shall be given to those sources with a high risk of error and the abovementioned aspects of the monitoring procedure.

10. The verifier shall take into consideration any effective risk control methods applied by the operator with a view to minimising the degree of uncertainty.

Report

11. The verifier shall prepare a report on the validation process stating whether the report pursuant to Article 14(3) is satisfactory. This report shall specify all issues relevant to the work carried out. A statement that the report pursuant to Article 14(3) is satisfactory may be made if, in the opinion of the verifier, the total emissions are not materially misstated.

Minimum competency requirements for the verifier

12. The verifier shall be independent of the operator, carry out his activities

in a sound and objective professional manner, and understand:

(a) the provisions of this Directive, as well as relevant standards and guidance adopted by the Commission pursuant to Article 14(1);

(b) the legislative, regulatory, and administrative requirements relevant to the activities being verified; and

(c) the generation of all information related to each source of emissions in the installation, in particular, relating to the collection, measurement, calculation and reporting of data.

▼ M2

PART B—**Verification of emissions from aviation activities**

13. The general principles and methodology set out in this Annex shall apply to the verification of reports of emissions from flights falling within an aviation activity listed in Annex I.

For this purpose:

(a) in paragraph 3, the reference to operator shall be read as if it were a reference to an aircraft operator, and in point (c) of that paragraph the reference to installation shall be read as if it were a reference to the aircraft used to perform the aviation activities covered by the report;

(b) in paragraph 5, the reference to installation shall be read as if it were a reference to the aircraft operator;

(c) in paragraph 6 the reference to activities carried out in the installation shall be read as a reference to aviation activities covered by the report carried out by the aircraft operator;

(d) in paragraph 7 the reference to the site of the installation shall be read as if it were a reference to the sites used by the aircraft operator to perform the aviation activities covered by the report;

(e) in paragraphs 8 and 9 the references to sources of emissions in the installation shall be read as if they were a reference to the aircraft for which the aircraft operator is responsible; and

(f) in paragraphs 10 and 12 the references to operator shall be read as if they were a reference to an aircraft operator.

Additional provisions for the verification of aviation emission reports

14. The verifier shall in particular ascertain that:

(a) all flights falling within an aviation activity listed in Annex I have been taken into account. In this task the verifier shall be assisted by timetable data and other data on the aircraft operator's traffic including data from Eurocontrol requested by that operator;

(b) there is overall consistency between aggregated fuel consumption data and data on fuel purchased or otherwise supplied to the aircraft performing the aviation activity.

Additional provisions for the verification of tonne – kilometre data submitted for the purposes of Articles 3e and 3f

15. The general principles and methodology for verifying emissions reports under Article 14(3) as set out in this Annex shall, where applicable, also apply correspondingly to the verification of aviation tonne – kilometre data.

16. The verifier shall in particular ascertain that only flights actually performed and falling within an aviation activity listed in Annex I for which the aircraft operator is responsible have been taken into account in that operator's application under Articles 3e(1) and 3f(2). In this task the verifier shall be assisted by data on the aircraft operator's traffic including data from Eurocontrol requested by that operator. In addition, the verifier shall ascertain that the payload reported by the aircraft operator corresponds to records on payloads kept by that operator for safety purposes.

后　　记

我国低碳市场发展的科学性提升，离不开对国际碳市场先进经验的学习。引进、编译对中国节能减排具有指导意义的最新国际法律、文献、著作，显得尤为重要。

为此，中国清洁发展机制基金管理中心焦小平副主任亲自挂帅，不仅为本套丛书的组织、选编作出指导，更直接参与了书稿的审校工作。

中国清洁发展机制基金管理中心的涂毅同志、环维易为公司的毛洋、高博、邓畅同志、财政部财政科学研究所的张鹏同志以及中央财经大学2009级博士陈盈同学参与了本书的翻译、校对和整理工作。

在本书的编译过程中，中国财政经济出版社做了大量细致的工作，在此一并感谢。

编者

2010年8月16日